山元正博
Masahiro Yamamoto

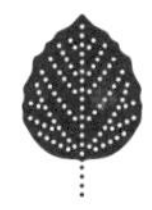

発酵食品は
おいしいクスリ

ポプラ新書
232

はじめに

新型コロナウイルスの流行以降、多くの方々が「免疫力」というものに注目し始め、さまざまな情報を集めたり、よいとされていることを実践し始めたのではないかと思います。

また、定期健診でメタボと判定され、高血圧や高コレストロールなどの状態をなんとか改善するために、サプリメントを試す、運動をするなどの努力をされている方も多いでしょう。

それは皆さんが、「できるだけ健康でいたい」「いつまでも若々しくいたい」と願っているからでしょう。ただ、そういった努力をすることは悪くないのですが、必要以上に時間やお金がかかることが多いと思います。

そこで、健康やアンチエイジングのために、今日からすぐ、そんなに多くのお金はかけずにできることをお教えしましょう。

それは、発酵食品を食べることです。

「それならヨーグルトを食べたり、乳酸菌飲料を飲んだりしてるよ」と思われた方、それはそれでもちろん構わないのですが、私が勧めるのは、日本古来の発酵食品を食べることです。

「納豆を食べてるけど？」という方、たしかに納豆もよいのですが、私が毎日食べていただきたいのは、麹を使った発酵食品なのです。

麹はすべての日本食のベースともいえるものです。

しょうゆ、味噌、みりんの3大調味料を作る際には、すべて麹が使われています。最近では塩麹も一般家庭に定着しました。また、日本酒、焼酎、甘酒といった日本のお酒を造る場合も、麹が使われます。

〝和食〟と呼ばれる料理と日本で造られるお酒のほとんどが、「発酵×麹」という組み合わせから生まれているのです。

そして、この組み合わせから生まれた食べ物、飲み物には、免疫力アップ、腸内環境の改善とそれに伴う便秘の解消、高血圧、高血糖、肥満などのメタボの予防や抑制など、さまざまな効果があるのです。

そして健康面だけでなく、薄毛、体臭、美肌といった悩みにも、うつなどのメンタル面にも、麹はよい効果を発揮してくれます。

「そんなうまい話があるわけない」「眉唾ものだ」と思われるかもしれません。ですがこれらの体に対する影響は、医師でもある息子が検証し、数値として出た結果をもとにしていますし、私自身が複数の大学の研究者に協力していただき、実験した結果も多数あります。

決してエビデンスなしで言っているわけではありません。

ただし、どんな麹でもそうなるわけではありません。詳しくは本書でお話ししますが、麹の中でも黒い麹と白い麹が、特にそうしたパワーを持っているのです。

私は鹿児島の種麹屋の3代目として生まれ、文字通り生まれた時からずっと麹に囲まれて生きてきました。

「麹の神様」と呼ばれた、祖父・河内源一郎が発見した「黒麹」と「白麹」が驚くようなパワーを持つことを証明すべく、研究を続け、それを飲み物や食べ物に製品化したり、飼料や肥料に利用して農業や畜産に活かす方法を生み出したり、テーマパークを作ったりと、多岐にわたって麹と付き合ってきました。

そうやって長年麹と付き合ってきた結果、「麹は人も地球も救う奇跡の微生物だ」「発酵が世界を救う」という確信を抱くようになったのです。

急に話が大きくなったように聞こえるかもしれません。しかし、決して大げさに言っているわけではないのです。麹は人の体に入るとさまざまなよい働きをしますが、実は動物の体や土の中でも同じようによい影響を及ぼすのです。

免疫力が高く、どんな状況にも揺らぎにくい体づくりも、世界中で行き詰まっている環境問題も、今ある麹と発酵の力を借りて上手に活用できれば、解決していくことが多々あるのです。

特に麹は、加齢による変化が気になり始める中高年の方の、頼もしい味方になってくれます。

この麹の偉大な力をぜひ知ってもらいたいと思っています。

第2章　おいしくかしこく食べて、体の中から健康に

第3章　唯一無二の日本のカビ「麹」が持つ驚きの作用

第4章 「麹＋発酵」の力の活用がSDGs実現のカギ

巻末対談　麹には無限の可能性がある

第1章 その不調、発酵食品が解決します！

「発酵食品」は、中高年のさまざまな悩みを救う

「発酵食品」が健康によいという事実が注目され始めてから、だいぶ経ちます。私が1冊目の書籍を刊行した2012年頃、塩麹や甘酒が注目され、ブームになっていました。およそ10年前です。

そしてこの10年間で、塩麹も甘酒も一過性のブームとして消えることなく、ご家庭の食卓に定着しました。

これはまずシンプルに、発酵食品がおいしいということが第一の理由でしょう。

さらには、気候変動や新型コロナウイルスの流行など、次々と大きく変わる環境の中で、多くの人が健康を維持したい、ちょっとしたことで揺らがない免疫力の高い体を手に入れたいと考え、そのために発酵食品を摂ることを意識するようになったからです。

長年、麹と共に生きてきた身としては、とてもうれしい状況です。

発酵のメカニズムについては4章でも詳しくご紹介しますが、発酵というプ

ロセスは、微生物の力によって元の物質を分解し変質させていくものです。発酵後は元の物質とは違うものになっていたり、元の物質は持っていなかった成分を含んでいることが多いのが大きな特徴です。

ですから食べ物の場合は、発酵後は元の状態では持っていなかった栄養素を豊富に含んでいることも多いのです。

発酵というプロセスを経ることで、その食品の栄養価、健康調節機能が大きくアップすることが、すでにわかっています。発酵前には持っていなかった栄養素を産生していることも多いのです。

例えば、野菜は生のままよりも、漬物（浅漬けを除く）になったものの方が乳酸菌の量が増えます。

納豆では、ただの大豆の状態の時よりも、発酵後はビタミンB_2や葉酸の含有量が大幅に増えることがわかっています。

日本人は長年、さまざまな食べ物、飲み物から、この発酵食品の恩恵をそれと知らずに受けてきました。

発酵食品は多方向で健康に役立ちますし、発酵食品自体は日本だけでなく世界のあちこちに存在しますが、日本の「発酵×麹」の組み合わせは、その中でも最強だと思います。

しかし昔は、「発酵×麹」は日本人にとってあまりに身近なもので、経験則や昔からの言い伝えでなんとなく「体にいいらしい」と知ってはいても、科学的、医学的に長期にわたってその作用を研究し、データを取り、検証するような人がいませんでしたし、またその手法もありませんでした。

ところが21世紀に入り、DNA解析が可能になったり、研究のための機器の進化なども手伝って、食品が体に及ぼす作用を数値などの客観的なデータでも表せるようになってきました。

それによって、発酵食品の持つ力が具体的に明らかになってきたのです。

そこでまずは、発酵食品と、「発酵×麹」が人間の体に具体的にどんな影響を及ぼすのかについて、多岐にわたってご紹介しましょう。

発酵食品は、腸内環境を改善し、便秘の解消のみならず、アレルギー反応や免疫力の低下を抑制したり、高血圧や血糖値の上昇といった生活習慣病の予防、改善にも役立ちます。

基本的に老若男女誰にでもおすすめなのですが、特に、肥満、薄毛、加齢臭、更年期症状などの、中年以降に顕著になる悩みに応えてくれます。

そんなによいことばかりだなんて、ちょっとうさんくさく聞こえますね。でも、本当なんです。

具体的にどんな力を持っているのかを順にご紹介します。

人類と自然のタッグでできる発酵食品

体へのうれしい効果を説明する前に、発酵食品の基本についておさらいしておきましょう。

発酵食品とは、食品に微生物を生育させたり塩を混ぜたりして、微生物の代謝活動によって元の食品を分解させて作った食べ物、飲み物のことです。

元々はその辺の空気中を漂っている浮遊菌や、土の中にいる土壌菌などが食べ物にくっついて自然に発酵が起こったものを人間が発見し、自分たちのために利用し始めた結果が、発酵食品なのです。

食品に使われる主な微生物とは、カビ類、酵母類、細菌類です。

・カビ類……コウジカビ、クモノスカビ、シロカビなど
・酵母類……パン酵母、ビール酵母、ワイン酵母、清酒酵母など
・細菌類……納豆菌、乳酸菌、酢酸菌など

発酵食品は日本の専売特許というわけではなく、世界中にさまざまなものが存在します。

まず、世界の発酵食品を見てみると、以下のようなものがあります。

・カビ類……マッコリ、カマンベールチーズ、ブルーチーズ、紹興酒、黒茶、テンペなど
・酵母類……パン、ビール、ワイン、ウイスキー、テキーラなど
・細菌類……納豆、キムチ、ヨーグルト、ザワークラウト、ナタデココ、臭豆腐、豆豉など

日本で比較的なじみのあるものを中心にしたので、これですべてではありません。

世界のほとんどのお酒は何かしらの発酵プロセスを経て造られていますし、例えばアフリカには、豆を発酵させる食べ物や、牛乳を発酵させて作るヨーグルトのような食べ物、トウモロコシを原材料にした甘酒のような飲み物があります。

アイスランドにも、穀物の粉を溶いて発酵させる食べ物があるそうです。

テレビで時々「世界一臭い食べ物」として紹介されている、スウェーデンのシュールストレミングという缶詰も、ニシンを発酵させた食べ物です。

また、微生物をあえて付着させるのではなく、単に肉を塩漬けにして自然に熟成させる生ハムなどの肉の発酵食品や、ヨーグルトに塩と水を入れてさらに発酵させたトルコのアイランという飲み物など、塩を利用して発酵させるものも多く存在します。

微生物のみでの発酵でないものといえば、チョコレートも発酵食品です。

地域によって寒い、暑いなどの気候が大きく違っても、採れる食べ物が違っても、人類は放っておいた食べ物や飲み物の味や匂いが勝手に変わり、腐って食べられない場合もあるけれど、味がおいしくなったり長持ちする場合もあるということにどこかの段階で気づき、なぜそうなるのかを調べ、研究し、原因となる微生物を発見し、それを自分たちでコントロールして食べ物や飲み物を作ってきたのです。

言ってみれば発酵食品は、人間の知恵と自然現象の協力によってできあがるものなんですね。

和食のベースはすべて発酵食品

さてここで、日本の発酵食品にはどんなものがあるのかをおさらいしてみましょう。

日本の2大発酵食品は、調味料と漬物です。

しょうゆ、みりん、穀物酢はすべて作る段階で発酵のプロセスが入ります。

日本酒と焼酎、甘酒といったお酒類も、発酵のプロセスを経て生まれます。ですから料理酒と呼ばれる日本酒も同様です。そしてもちろん、味噌も発酵食品です。

どうでしょう。寿司や煮物、味噌汁といった、和食と呼ばれる大半のメニューには、これらの調味料が使われていませんか？　これらの調味料にはすべて、実は麹が使われているのですが、麹については３章で詳しくご紹介します。

また、日本人にはなじみの深い漬物も、原始的な発酵食品です。塩だけで漬けるもの、お酢や酒粕と一緒に漬けるもの、麹菌を付けて漬けるものなどなど、地域ごとに長年作られてきた漬物があります。

また、米ぬかを発酵させて作ったぬか床に野菜などを漬ける、ぬか漬けも代表的な漬物ですね。

２大発酵食品以外では、かつお節も、かつおにカワキコウジカビというカビを付着させ、発酵させて作ります。皆さんに馴染み深い納豆もあります。

日本が独自に育んできた食品、メニューの多くは、発酵と共にあったといってもよいと思います。

現代は身の周りに膨大な種類の食べ物があり、ちょっと珍しい海外の食べ物でも輸入製品がメインのスーパーなどでは売られていますし、純粋に日本生まれの食べ物を毎日多量に食べている人は少ないかもしれません。

ですが、発酵食品を食べたいと考えるなら、まず典型的な昔ながらの和食を食べること。それだけで複数の発酵食品を体に取り入れることができるのです。

健康の要、腸内環境を整えることが一番の強み

「発酵食品」を食べると体にとってどんないいことがあるのか。最大のメリットは、腸内環境を改善してくれることです。

腸は健康の要であるという認識が広まり、〝腸〟や〝腸内細菌〟に注目が集まってからだいぶ経ちます。

その間に、どんなものが腸内環境を整えるためによいのかを大勢の人が研究し、色々な食べ物やサプリメントなどが登場してきました。

「生きて腸まで届く乳酸菌」といった宣伝文句にひかれて、健康のために取り入れている方もいらっしゃるかもしれませんね。

しかし、やはり発酵食品、特に日本生まれのものに勝るものはないと思います。

味噌やしょうゆ、納豆、漬物などの日本の発酵食品を食べると、なぜ腸内環境が整うのかというと、それらの発酵食品には乳酸菌や麹菌、酢酸菌、酵母菌といった、善玉菌と呼ばれる菌が豊富に含まれているからです。

腸内細菌、腸内環境の研究では現在、「腸内細菌の種類が多いほど健康的だ」ということがかなり明確にわかっています。

糖尿病や肥満などの疾患を持つ人の腸内細菌叢は、そうでない人に比べ細菌の種類が少ない、細菌叢の多様性が低い、という研究報告が複数あります。

米スタンフォード大学の研究では、10週間ヨーグルト、キムチ、コンブチャ（紅茶キノコ）などの発酵食品を多く摂取した参加者と、そうでなく食物繊維を多く摂取した参加者との差を調べたところ、発酵食品を多く摂取した参加者の腸内細菌叢の多様性が高まっていることが確認できたということです。ヨーグルトなどの発酵食品ももちろんよいのですが、日本の発酵食品ならより簡単に複数の菌や栄養を摂ることができます。

例えば、しょうゆ、みりん、料理酒を使った煮物を食べるとします。その3つの調味料はすべて発酵させて作られているので、それぞれの発酵によって量が増えたり作られたりしたビタミン・ミネラルなどの栄養素や、アミノ酸、オリゴ糖などが一度に摂れるのです。

もちろん煮物をどのくらいの量食べるのかにもよりますが、これらの栄養素や成分をすべてサプリメントで摂ると考えてみると、煮物を食べる方がずっと簡単で、しかもおいしいと思います。

味噌もそれだけで簡単にさまざまな栄養が摂れます。

味噌には麹、アミノ酸、イソフラボン、α-リノレン酸エチルエステル、サポニン、ビタミンE、レシチン、酵素といった成分が含まれています。さらに後述しますが、高血圧によいものも含んでいます。味噌汁を飲むということは、これらの成分と具の栄養素を一度に簡単に摂れるということなのです。

また、発酵の段階で、微生物がでんぷんやタンパク質を細かく分解しているので、体の中へ入ってから分解するプロセスがいらない、体へ吸収がしやすい、というメリットもあります。

食べる時点ですでにさまざまな菌が含まれた状態になっているため、腸内細菌叢の多様性を高める点、調味料の段階で発酵されているものが多いので、簡単に複数の発酵食品を摂れる点、などを総合的に考えると、日本の発酵食品は腸内環境にとてもよい影響を与えてくれるのです。

免疫力を高めるカギの善玉菌は、発酵食品で増える

発酵食品、特に日本の発酵食品には、腸内細菌の種類の中でも善玉菌と呼ばれる乳酸菌や納豆菌が多く含まれています。

ですから、発酵食品を食べると善玉菌をより多く摂取でき、腸の中で善玉菌が代謝活動を行うことによって、悪玉菌と呼ばれる腸内細菌の増殖や活動を抑

制することができます。

その結果、まずは便秘が改善されるのは想像しやすいと思いますが、メリットはそれだけではありません。

悪玉菌の繁殖を抑え、善玉菌が増えるということは、免疫細胞を増やしたり、その活動のスイッチを入れることにつながり、ひいては体全体の免疫力を高めることになるのです。

「腸は免疫の要」と言われますが、その理由は、免疫細胞のおよそ7割が小腸と大腸で成長するからです。

免疫細胞とは、外部から侵入してきた細菌やウイルスと戦い、体の外へ排出するように働く細胞で、10種類以上います。細かく分類すると、数えきれないほどあります。

やや専門的な話になりますが、簡素化して説明すると、その免疫細胞が必要な時に正常に素早く働くためには、短鎖脂肪酸という酸が必要です。

その短鎖脂肪酸を作るのが、善玉菌なのです。

つまり、腸に善玉菌が多く存在し、短鎖脂肪酸をたくさん作っている体は、免疫力が高いといえます。ですから、善玉菌を増やす発酵食品は、結果的に免疫力の高い体作りに役立つというわけなのです。

免疫力を高めるということは、風邪などの感染症にかかりにくい、かかっても症状が軽い、花粉症などのアレルギー症状を発症しにくいなど、外部から何かしらダメージを引き起こすものが入ってきても、その影響を受けにくい、揺らぎにくい、トータルで健康な体を作っていくということです。

ヨーグルトやチーズなど、外国生まれの発酵食品にも乳酸菌は含まれていますが、日本生まれのものがよりよいと思う点は、味噌やしょうゆなら麹の持つ力を丸ごと摂り入れられる、納豆なら納豆菌の持つナットウキナーゼという血栓の予防となるタンパク質分解酵素を摂れる、漬物からは複数の乳酸菌を一度に摂れるなど、乳酸菌だけでなく「発酵」のプロセスによるメリットを一度に体に入れられるからです。

また、野菜の漬物や納豆を食べることで食物繊維も同時に摂れる、というメリットもあります。食物繊維を摂ることも、善玉菌が作り出す短鎖脂肪酸を増やすことにつながります。

そしてもちろん、長い時間をかけて作られてきた日本人の腸内細菌叢には、日本生まれの食べものが合いやすく、その食べ物を分解する腸内細菌がたくさんいて、消化吸収もしやすいという面があります。

健康で免疫力の高い体を作りたいと思ったら、何か特別なものでなく、日本生まれの発酵食品を食べればよいのです。

腸を整えれば、さまざまな不調や病気を予防できる

免疫力だけでなく、腸内環境がいかに全身の健康とつながっているのかが、最近どんどんわかってきています。

腸内環境が悪く悪玉菌が増殖して優位になると、便秘や肌荒れが起こる、おならや体臭がきつくなる、疲れやすいなど、重病ではないけれど完全な健康とはいえない状態になってしまいます。さらに、小腸炎、潰瘍性大腸炎といった

腸の病気、高血圧、糖尿病などの生活習慣病へとつながっていく可能性があります。

そのままの状態を放っておけば、うつ症状などのメンタル面への悪影響や、がんを引き起こす可能性も高くなっていきます。

ですから、腸内環境をできるだけよい状態に整えておくことは、軽い不調から深刻な病気まで常に予防していることになるのです。

そのためにすぐできる簡単な方法が、発酵食品を食べることです。できれば毎日、難しければ週に何度かは味噌汁、納豆、漬物、煮物といった昔ながらの和食、発酵食品を食べる。

これこそ、健康維持の第一歩です。

特に男性は女性に比べると自分の体の状態に無頓着になりがちで、多少調子が悪くても深く気にしない方が多いと思います。

しかし、現代のストレス社会、新型コロナウイルスのような感染症が登場した世界では、免疫力の高い状態を維持することは大切ですし、そのためにまずできることが、腸内環境に目を向けることなのです。

腸内環境がよい状態というのは、便秘だけでなく下痢もしない状態です。腸内環境がよいと、ぐっすり眠れるようになり、毎日不調を感じず快適な体調で過ごせます。それが回りまわって、仕事でよいパフォーマンスを発揮することにもつながるのです。

いま話題の酪酸菌を増やすには、ぬか漬けと白麹が有効

発酵食品が腸内環境を整えるといっても、具体的にどんなことをしているのかはわかりにくいと思います。

何しろ腸内細菌は、その種類だけでも数百、数千、全体の数は１００兆個ともいわれています。そのすべての細菌がそれぞれどういうことをしているのかを知ることは、ほぼ不可能です。

ただ近年のさまざまな研究によって、善玉菌と呼ばれる細菌の数が多い方が便通がよい、健康な人が多い、ということははっきりとわかってきています。

現在善玉菌と呼ばれる菌は、乳酸菌、ビフィズス菌、酪酸菌の３つです。（現在と限定したのは、日々新たな発見がなされている分野だからです。）どの菌も代謝活動の結果、酸を作り出すので、善玉菌が多く活発に活動している腸内は、弱酸性に保たれます。

悪玉菌の多くはアルカリ性のものが多く、酸性の状況下ではうまく活動できないので、健康な腸を保つためには腸内が弱酸性の状態の方がよいのです。

乳酸菌は皆さんにもなじみが深い菌ですね。漬物やキムチ、ヨーグルト、チーズなどに特に多く含まれています。何をしているのかというと、乳酸や酢酸といった短鎖脂肪酸という物質や、ビタミンB群を作り出しています。

ビフィズス菌も乳酸菌の仲間です。同じく乳酸や酢酸を作ったり、ビタミンB群とビタミンKを作り出します。

どちらも、病原菌や、腐敗物を生成するような悪玉菌の増殖を抑える効果が高いと考えられています。

そしてもうひとつの善玉菌が、酪酸菌です。

最近注目度が上がっているので、テレビや店頭で「酪酸菌」という文字を目にしたことのある方もいるかもしれませんね。

酪酸菌も代謝活動の結果、酪酸と酢酸というふたつの短鎖脂肪酸を作り出します。

この酪酸という酸が、乳酸菌、ビフィズス菌と協力し合いながら腸内を酸性に保ち、腸が正常に働くための大きなエネルギー源となっていることがわかってきました。

また、腸の中を整えるだけでなく、さまざまな全身への健康作用も持っていることがわかりつつあります。

酪酸を含む短鎖脂肪酸が免疫細胞のスイッチを入れる役割をしていることがわかってきていたり、インフルエンザの症状を軽減する、大腸がんを予防するといった内容の論文も発表されています。

長寿の方の腸内細菌を調べてみると、酪酸菌が上位を占めているという研究報告もあります。

それならば、酪酸菌を増やして酪酸をどんどん作ってもらえば、ものすごく健康で長生きできそうに思えてしまいますね。

ですから昨今、さまざまな酪酸菌のサプリメントが販売されているのです。

いわゆる発酵食品には入っているともいわれますが、酪酸菌が多いと独特の臭い匂いを放つので、食べ物に入っている菌としては喜ばれません。（ぬか漬けと臭豆腐にはある程度の量の酪酸菌が含まれているといわれています。）

また、食物繊維は酪酸菌と、乳酸菌、ビフィズス菌、３つの善玉菌のエサとなるので、食物繊維を多く食べて善玉菌を増やすことが酪酸菌を増やすことにつながるといわれます。

食物繊維をたくさん摂ることはとてもよいことですが、「酪酸菌を増やすため」ということであれば、実は我が社の白麹も役立ちます。

麹には大きく3種類あるのですが（3種類の詳細については3章で説明します）、その中の白麹と黒麹が酪酸菌を増やすということが、私の息子が行った実験ではっきりと結果が出ているのです。

麹を摂った後の腸内の酪酸菌の割合の変化

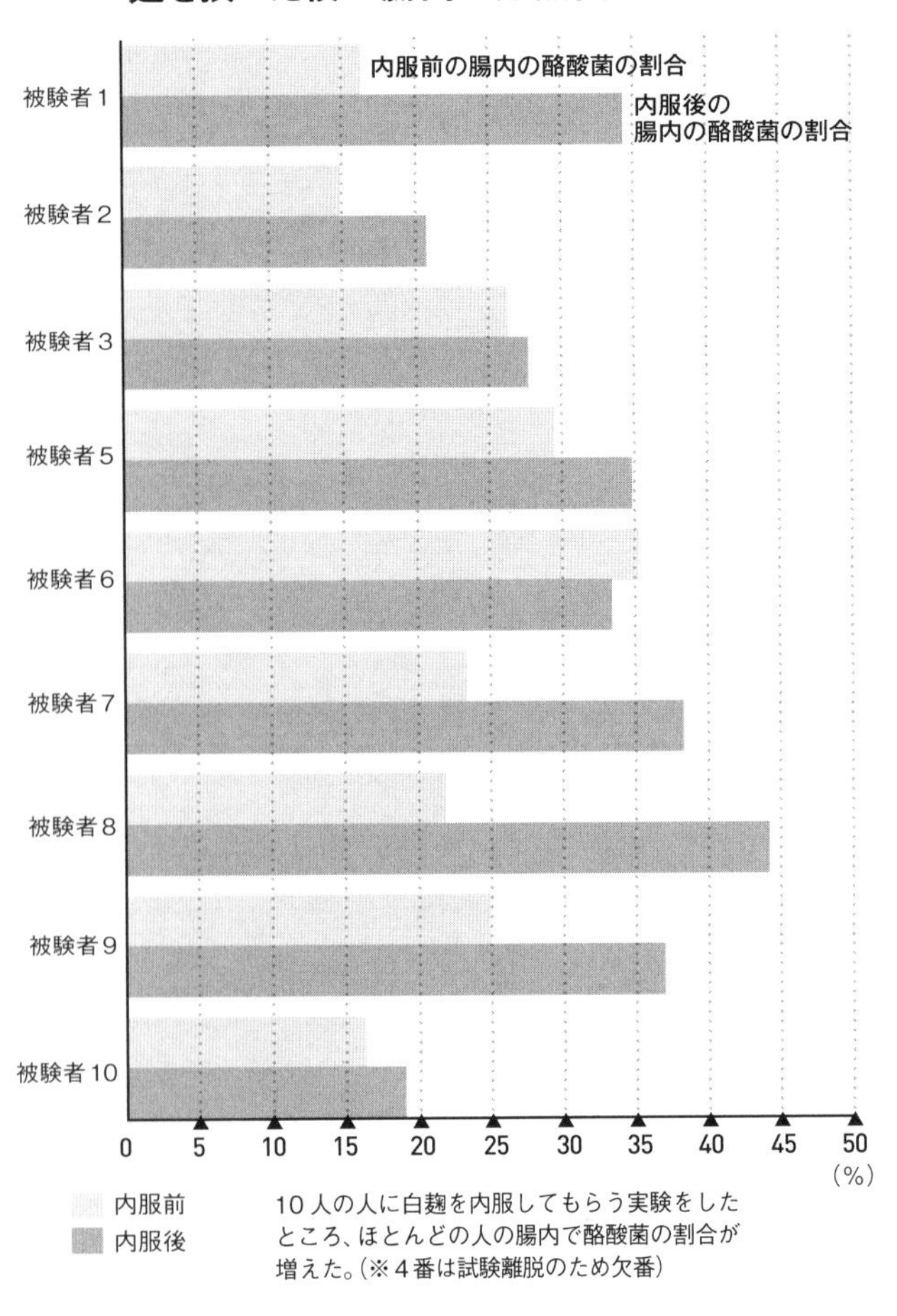

10人の人に白麹を内服してもらう実験をしたところ、ほとんどの人の腸内で酪酸菌の割合が増えた。(※4番は試験離脱のため欠番)

被験者の方に白麹のサプリメントを摂ってもらい、その前後で腸内の酪酸菌の割合を測定するという実験です。息子は医師なので、以前は麹の健康効果について懐疑的だったのですが、この結果には本当に驚いていました。

なぜなら、通常こういった何らかの物質を摂る実験で、変化が明確に表れてくるのは2〜3か月後のことが多いのですが、この実験ではおよそ1か月で、有意差を持って酪酸菌の割合が増えるという結果が出たからです。

ですから、酪酸菌を増やしたい場合は、ぬか漬け、食物繊維、そして白麹を摂る、という方法が現状では有効な方法と考えられるのです。

メタボ対策1　高血圧を抑制、改善したいなら味噌汁を

発酵食品が健康維持にさまざまな形で役立つ、ということがわかったところで、今度は麹の持つ健康によい働きについてご紹介します。

麹はしょうゆ、みりん、穀物酢、味噌などの和食に使う調味料と、日本酒、焼酎、甘酒のすべてに使われているので、〝和食を食べる＝麹を摂る〟と考えていただいてよいと思います。

ただ、あまり一般的に知られていないのですが、麹は「麹」という1種類のものではなく、正式には黄麹、黒麹、白麹の3種類が国菌とされています。黒麹と白麹は私の祖父河内源一郎が発見したものです。（ちなみに、紅麹は菌の種類が違うので、ここでは除いています。）

世界中を探せばさらに別の種類の麹もいるかもしれませんが、日本で食べ物、飲み物に利用されているのは、主にこの3種類です。

ですから、それぞれの麹によって健康のための働きも違う場合がある、という点を頭の隅に置いておいてください。

その中でも、日本酒や味噌造りに長年使われ続けているのは黄麹です。

実はこの黄麹が出す酵素によって作られる物質（ペプチド）が、高血圧を抑えることがわかっています。

高血圧は、肥満や睡眠不足、喫煙、過剰な塩分、飲酒などが原因といわれていますね。健康診断のたびに高くなっていく血圧を気にしている方も多いのではないでしょうか。

高血圧の数値の設定については、近年さまざまな説が登場しているので、低ければいいというものではないのかもしれません。もちろん極端に高くならない方がいいのは間違いありません。血圧を気にされている方は、薬に頼ることになる前にまず、発酵食品、麹を摂るようにしてみてほしいのです。

高血圧を起こす原因のひとつ、アンジオテンシン変換酵素という酵素の働きを、黄麹の出す酵素（プロテアーゼ）によって大豆から作られたニコチアナミンという物質が抑えるのです。

味噌に含まれるソヤサポニン、セリルトリプトファンと、メラノイジンという物質も、同様にアンジオテンシン変換酵素やレニンという酵素の働きを抑え、高血圧を抑制するという研究結果もあります。

一般的に味噌は塩分が多く、高血圧の人にはよくないとされてきましたが、実際の塩分量自体はそこまで多くありません。

また、生の味噌を毎日大量に食べれば塩分も過多になるかもしれませんが、味噌汁や煮込みなどに調味料として使う場合は、そこまで大量に摂ることにはなりません。

野菜をはじめとするさまざまな具を一度にたくさん摂りやすく、飲むことで胃腸が温められるので消化吸収の助けになり、食べ過ぎを防ぐことにつながるという大きなメリットもあります。

ですから、高血圧だからといって味噌を避けたりせず、定期的に摂ってよいと思います。

メタボ対策2　インスリンの分泌を促し、血糖値をコントロール

高血圧の抑制と同じく、麹は血糖値のコントロールにも役立ちます。

まず黄麹を入れて作られる味噌に含まれるメラノイジンという成分が、血糖値の急上昇を抑えるという報告があります。

色の濃い味噌の方がメラノイジンを多く含んでいるため、愛知県発祥の赤味噌などは、よりその働きが高いという話もあります。

同じく味噌に含まれている、トリプシンという消化酵素とインヒビターという抗体が、膵臓の働きを活発化し、その結果インスリンがきちんと分泌されて血糖値を下げる、という話もあります。

マルコメさんの実験では、空腹時血糖値が高めの人を対象に塩糀を1日15g、12週間摂取してもらった結果、値が低下したという結果もあります。

さらに、先に白麹が酪酸菌を増やすという話をご紹介しましたが、酪酸菌が増えるとインスリンの分泌が増えるので、やはり血糖値を下げます。

つまり、麹を定期的に摂っていると、血糖値の急上昇を抑えられる、ひいては糖尿病の予防につながるというわけです。

メタボ対策３　コレステロール値と中性脂肪も改善

麹は高コレステロール値を改善する力も持っていることがわかってきました。

２０１９年には、黄麹が作るグルコシルセラミドという成分が肝臓のコレステロールの含有量を低下させ、コレステロールの排泄を行う物質の増加を確認したという佐賀大学などによる論文報告があります。

また同論文では、培養細胞による実験段階ではあるものの、メタボリックシンドロームの改善効果があることも報告されています。

黒麹でも、鹿児島大学が中心となり行った研究で、総コレステロールを抑制するという結果が出ています。しかもこの研究では、HDL（善玉）コレステロールの値は大きくは変わらず、LDL（悪玉）コレステロールだけが下がるという、うれしい結果でした。

また、黄麹も黒麹も、中性脂肪を下げるという研究結果が複数出ています。

つまり、麹には高血圧、高血糖、脂質異常症と、それらと連動している肥満といった、メタボリックシンドロームの状態を予防・改善する力があるということなのです。

中性脂肪はコレステロールより注目度が低く、あまり気にしていない方もいるかもしれません。

しかし、中性脂肪の数値が上がると、コレステロールと同様に血管壁をせばめてしまい、それによってやはり動脈硬化、心筋梗塞などのリスクが高くなってしまいます。

コレステロールと中性脂肪の値が高い脂質異常症は、本人の自覚症状がほぼないので〝サイレントキラー〟と呼ばれるほど実は怖い状態です。

もし健診や人間ドックで脂質異常症という結果が出たら、その日から食事の内容を見直してほしいと思います。

免疫力の向上１　ＮＫ細胞・制御性Ｔ細胞を増やす驚きのパワー

発酵食品全体が腸内環境を整えて、免疫力のアップに役立つと話しましたが、実は我が社の黒麹では、その裏付けとなる実験結果がすでに出ています。

ひとつはＮＫ細胞の増加です。

ＮＫ細胞とは、正式にはナチュラルキラー細胞。白血球のひとつで、常に体の中をあちこちパトロールしていて、ウイルス、細菌、ばい菌に感染した細胞や、がん細胞などを発見すると、敵とみなして攻撃するという、警官のような役回りの細胞です。

私が以前、ある大学教授と一緒に行った実験では、黒麹を使ったドリンクを毎日飲んだ場合と飲まなかった場合を比べた結果、飲んだ人のNK細胞の数は1・5倍に増えました。

またさらに、黒麹を毎日摂取していると、制御性T細胞も増加します。

制御性T細胞は免疫細胞の一種で、他の免疫細胞が〝免疫の暴走〟を起こし、正常な細胞を攻撃するのを抑えるといった、免疫システムの中でも重要な役割を持つ細胞です。

新型コロナウイルスに感染した際、「サイトカインストーム（免疫の暴走）」が起こってしまうと悪化し、最悪の場合には亡くなるという話が知られるようになりました。制御性T細胞は、その〝免疫の暴走〟と炎症反応を抑える作用を持っているのです。ですから黒麹を摂っていると、重症化を防ぐことが期待できます。

医師である息子が実験を行った結果、1か月毎日飲んだ場合、飲む前と比べ

麹を飲むことによるNK細胞数の変化

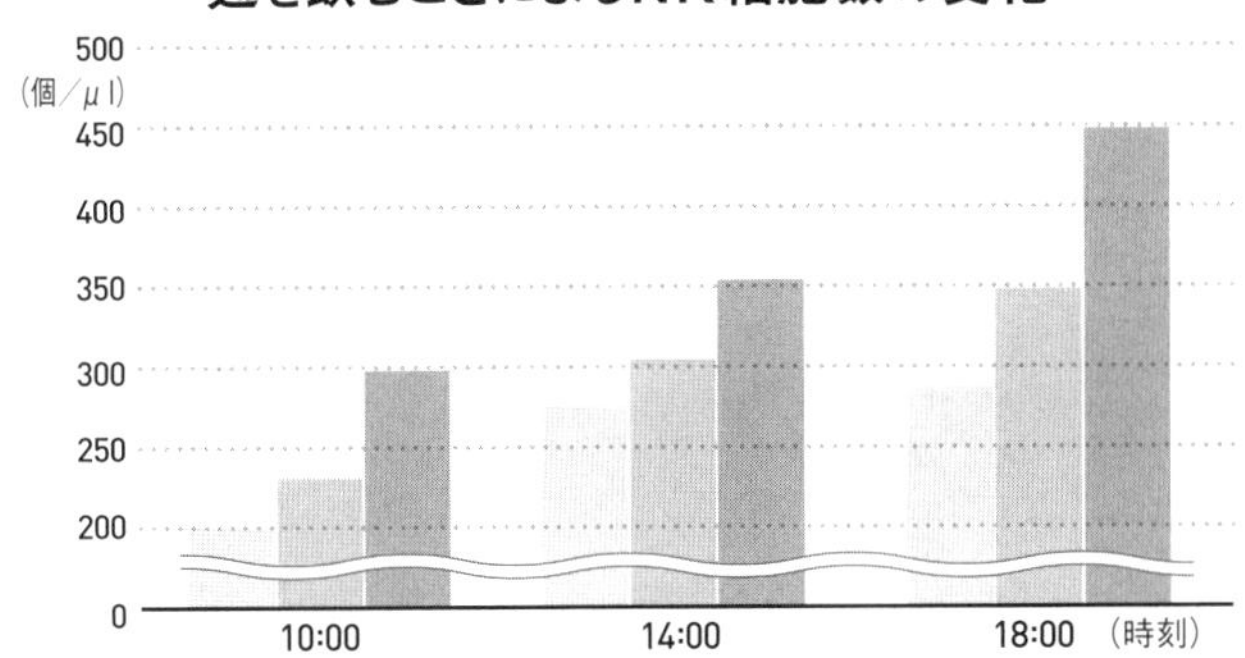

麹を飲むことによるNK細胞の活性の変化

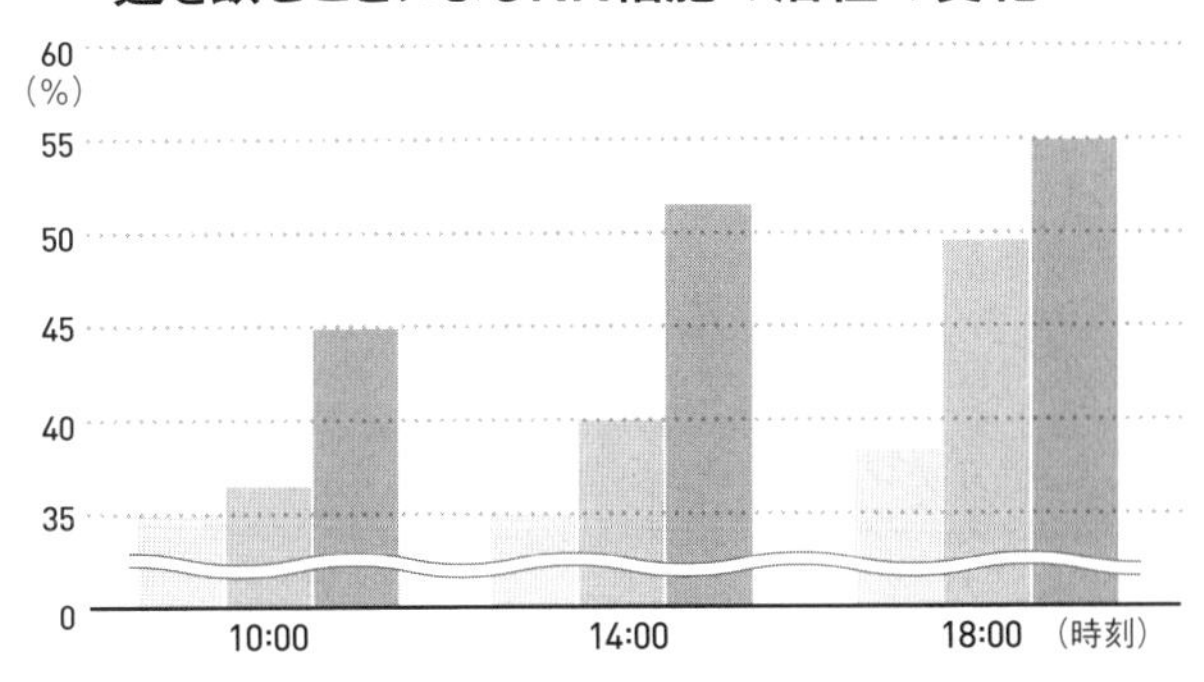

10人の被験者に参加してもらい、NK細胞の数と活性の変化を3つの時間帯で測定した。その結果、麹のドリンクを飲んでいない場合と比較して、ドリンクを多く摂るほど、NK細胞の数も活性もアップするということがわかった。

黒麹入りのドリンクを飲んでいない場合

黒麹入りのドリンクを検査前日に1本だけ飲んだ場合

黒麹入りのドリンクを1週間毎日飲んだ場合

て有意差を持って制御性T細胞の数が増えました。

薬ではないもので、ここまで短期間で有意差を持って変化が表れるというのは、なかなかないことなのです。

漠然と免疫力を高めるのではなく、具体的に免疫力アップに関わる細胞の数を増やすのですから、例えばリウマチなどの自己免疫疾患も改善する可能性が高いのです。

実際、我が社の麹を使って麹水を作り（作り方は98ページを参照）、それを飲み続けたところ、リウマチの症状が軽くなった方も複数いらっしゃいます。

免疫力に不安を感じたら、薬に頼る前にまず麹を思い出してみてください。

免疫力の向上2　花粉症やアトピー性皮膚炎などのアレルギーを抑制

麹が免疫力を高めるという具体的な裏付けが、他にもあります。

ラットを使った実験で、一定期間、一般的なエサを与え続けた場合、2種類の麹（そのうちひとつは黒麹）、2種類の甘酒を与え続けた場合の結果を比較しました。

するとまずIgE抗体の量が増えました（詳しくは46ページを参照）。

IgE抗体とは、外部から何か異物が侵入してきた際に、体外へ排出するような働きを持つ、免疫グロブリンというタンパク質のひとつです。

IgEは人間の体が元々持っている「自然免疫」のシステムの一種で、ウイルスや細菌、またハウスダスト、ダニ、花粉などのアレルギーの基となるアレルゲンが外部から入ってきた時に体を守ろうと働きます。

IgE抗体の量が増加した一方で、白血球とヒスタミンの量は減りました。白血球もヒスタミンも、外部からアレルゲンが体内に入ってきた時に体を守るために反応して増加するものです。

つまりこの結果は、麹を摂取しているとアレルギー反応を軽減する効果が認められる、ということなのです。

麹が直接アレルゲンを攻撃したりするというわけではありません。麹によって腸内環境が改善した結果、免疫細胞がそれぞれしっかり働くようになったり、

麹や甘酒を与えたラットのIgE抗体価の変化

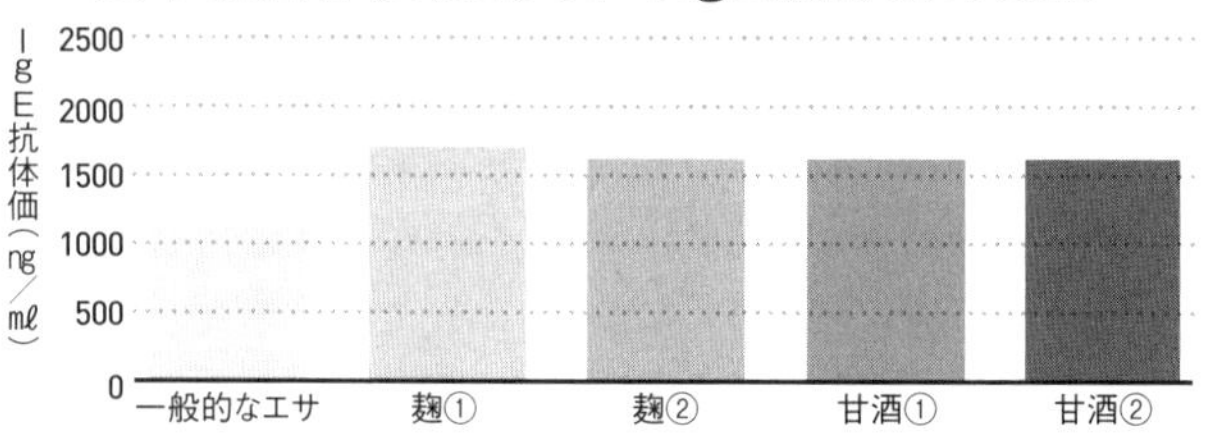

麹や甘酒を与えたラットの白血球数の変化

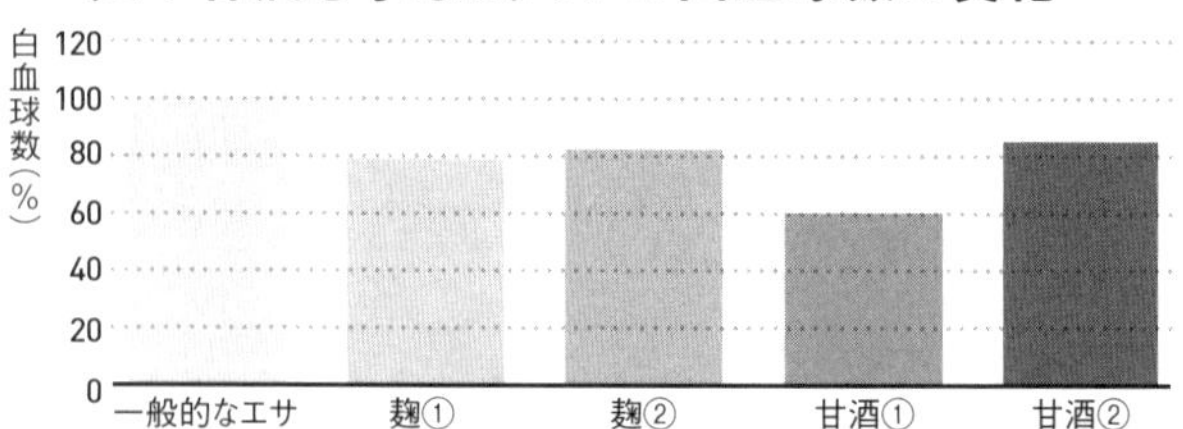

麹や甘酒を与えたラットのヒスタミン濃度の変化

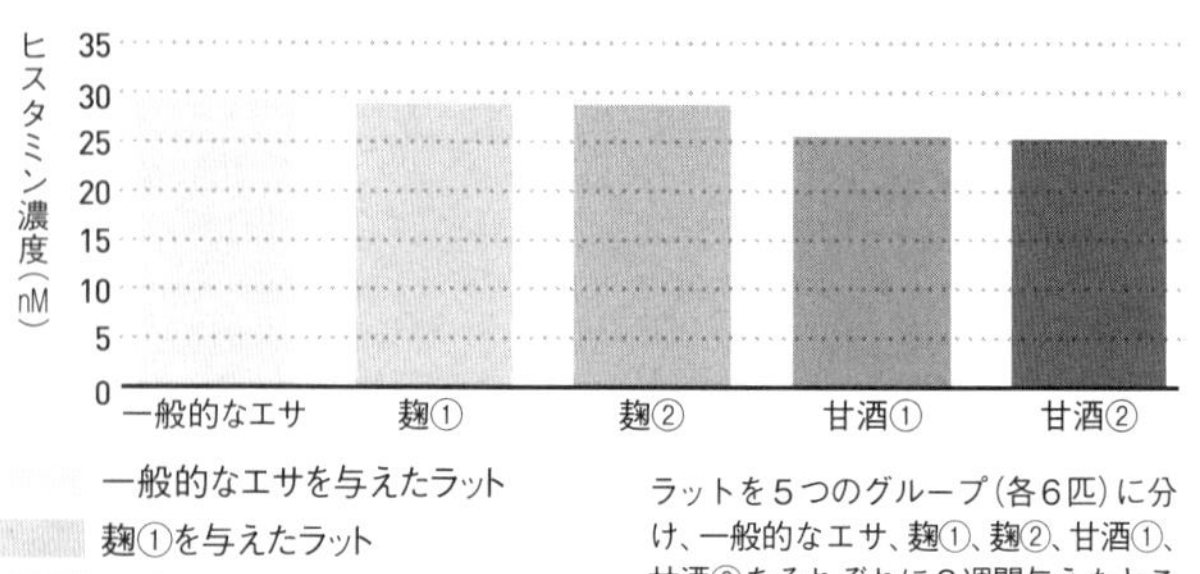

一般的なエサを与えたラット
麹①を与えたラット
麹②を与えたラット
甘酒①を与えたラット
甘酒②を与えたラット

ラットを５つのグループ（各６匹）に分け、一般的なエサ、麹①、麹②、甘酒①、甘酒②をそれぞれに２週間与えたところ、麹や甘酒を与えられたラットのIgE抗体価はアップし、白血球数とヒスタミン濃度は下がることがわかった。

連携がスムーズになる、抗体をスムーズに作れるようになるなどの現象が起こり、総合的に免疫力が上がると考えられます。

花粉症もアトピー性皮膚炎も、昔に比べれば対症療法の種類は増えましたが、いまだに根本的な治療法は確立されていません。

このような症状に悩む方にとっても、麹は救世主となりうるのです。

アンチエイジング１　ストレスを軽減し、筋肉を増強する

麹の中でも、黒麹や白麹を摂っていると、痩せます……というと言い過ぎかもしれませんが、結果的に痩せる可能性がかなり高いのです。

なぜそんなことがいえるのかというと、ひとつは鹿児島大学によるラットの実験結果です。

ラットに黒麹を一定期間食べさせて調べた結果、腹腔内脂肪の量が実験前より5～10％低下しました。肝臓での脂肪酸合成を抑制するという結果も出ています。

前述のように、麹はコレステロール値や中性脂肪の量も低下させるのですから、肥満の軽減につながるのは、当然といえば当然です。

また人間は、ストレスが強くかかると脳の中でノルアドレナリンというホルモン物質を分泌するのですが、このノルアドレナリンは筋肉を分解するように働いてしまいます。

黒麹を与えると、このノルアドレナリンの分泌を抑えるブトキシブチルアルコールという物質が腸内で生産されます。(不思議なことに、黒麹がブトキシブチルアルコールを生産するわけではないのですが。)つまり、黒麹を摂っていると筋肉の分解が抑えられるのです。

これはブロイラーに黒麹入りの飼料を与えた実験で、結果を確認しています。

脂肪を減らす、脂肪酸の合成を抑制する一方で、筋肉の分解を防ぐことができれば、必然的に筋肉量の割合が増えます。

その結果痩せる、といえるのです。筋肉と脂肪では筋肉の方が質量が重いので、もしかしたら体重は変わらないかもしれませんが、筋肉量の多い健康的な

**異なるエサを与えた場合の
ラットの腹腔内脂肪の変化**

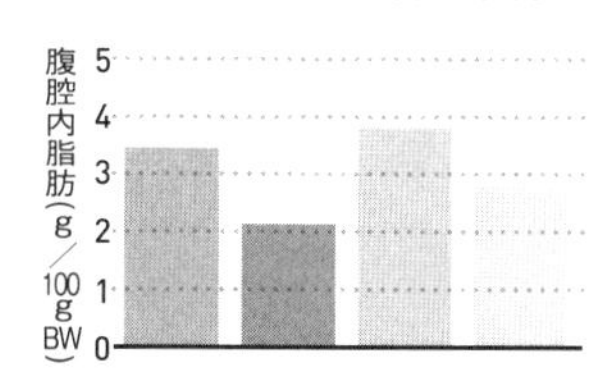

**異なるエサを与えた場合の
ラットの血糖値の変化**

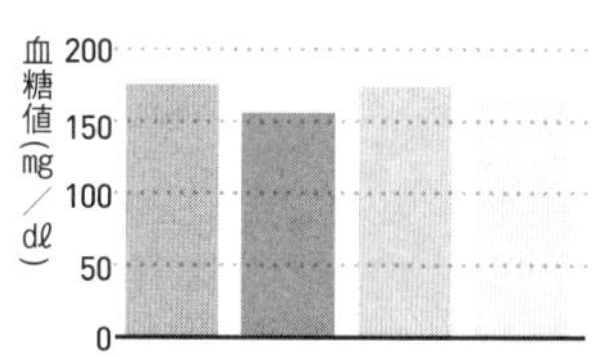

**異なるエサを与えた場合の
ラットの中性脂肪の変化**

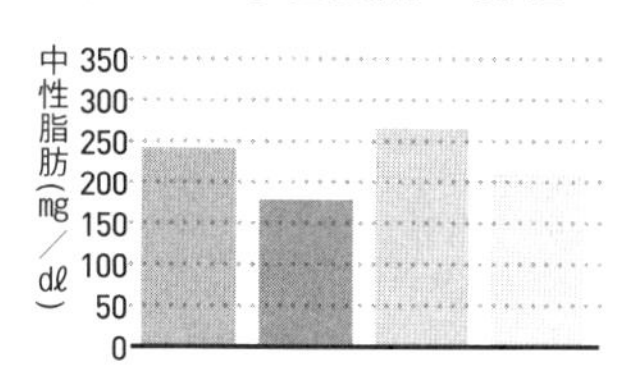

**異なるエサを与えた場合の
ラットの総コレステロール値の変化**

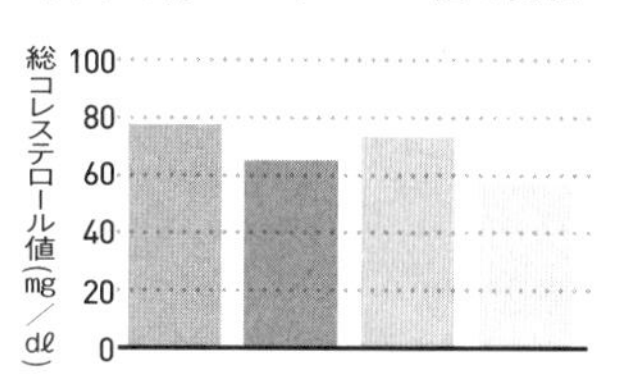

**異なるエサを与えた場合のラットの
HDLコレステロール値の変化**

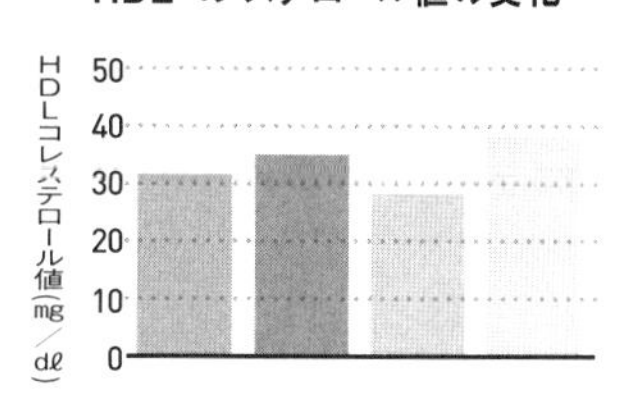

**異なるエサを与えた場合のラットの
LDLコレステロール値の変化**

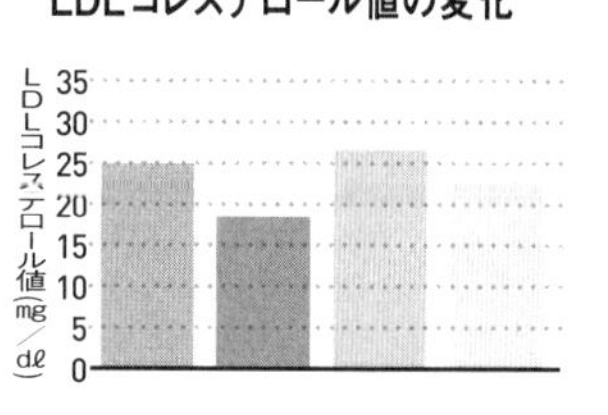

- 一般的なエサを与えたラット
- 麹をエサとして与えたラット
- 脂肪分の多いエサを与えたラット
- 脂肪分の多いエサに麹を混ぜて与えたラット

ラットを４つのグループに分け、一般的なエサ、麹、脂肪分の多いエサ、脂肪分の多いエサに麹を混ぜたものをそれぞれに２週間与えたところ、麹を与えたラットは腹腔内脂肪が減り、血液の状態もよくなった。

体に近づくことは間違いありません。

また、これは現在研究中ですが、新しく開発した酵素力が50倍の麹をプロテインにほんの少量入れ、それをブロイラーに与えたところ、同じ期間でもブロイラーの筋肉量が18％も増加しました。さらにそのブロイラーは、味もよくドリップがほとんど出ないなど、肉質の面でもよい結果が出ました。現在、豚でも実験中です。

ですからそのうち、人間用のプロテインに混ぜるバージョンを開発できるかもしれません。健康のために一生懸命運動をしている方が、短期間でしっかりした筋肉をつけられればうれしいですよね。

また、年齢を重ねるとともに、若い頃と同じような運動はなかなかできなくなっていきます。すると、骨格筋の萎縮や筋力の低下によって、フレイルが起こりやすくなります。フレイルは、要介護や寝たきりになりやすい状態とされており、健康寿命に大きくかかわります。

麹はそんな時の手助けにもなるのではないかと期待しています。

アンチエイジング２　薄くなっていた頭髪が元気を取り戻す

白麹の場合に限定した話になりますが、実は薄毛の対策にも役立ちます。「え？」と驚かれると思いますが、これはまず私自身が試した結果なので、写真（52ページ参照）を見ていただくのがわかりやすいと思います。

70歳の時に、白麹の成分の入ったエキスを頭頂部の薄毛の部分に付けて試してみました。すると、まず抜け毛が減ったという実感があり、そのまま使い続けていたところ、３か月程度で薄毛の部分が目立たなくなるほど毛が生えてきました。

同じく70代の男性にも試してもらったところ、ほとんど髪がなく薄くなっていた部分に産毛が生えてきたり、何本かはしっかりした毛が生えてきたとのことです。

また我が社の社員で、頭頂部から後頭部が薄い40代と60代の男性にも試してもらったところ、やはり少しずつ毛が生えてきました。以前は正面から顔を見た時に頭頂部の薄い部分が見えていたのですが、それが見えなくなったのです。

白麹エキスの塗布による毛髪量の変化

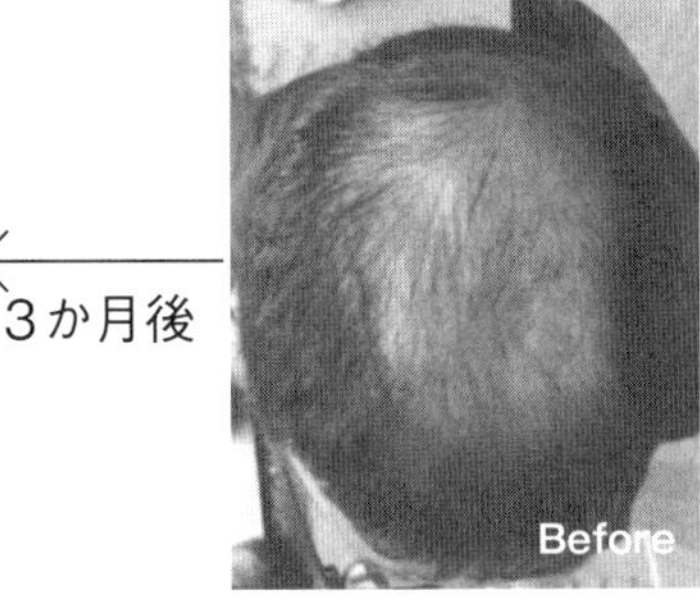

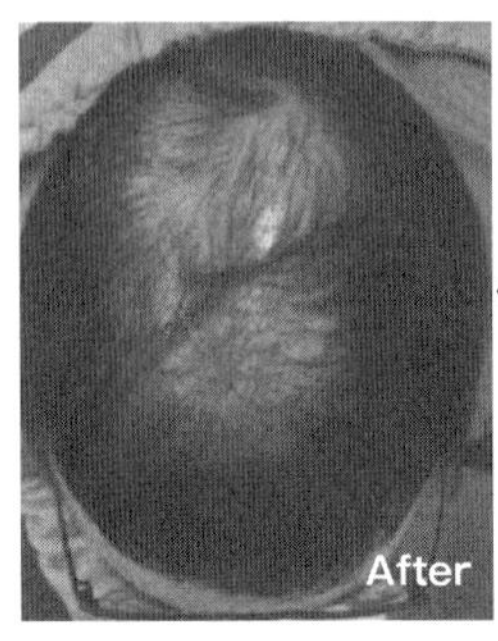

3か月後

白麹のエキスの抽出液を朝晩２回、頭頂部に塗布してみたところ、まず抜け毛が止まり、使い続けることで薄くなっていた部分にだんだん毛が生えてきた。

製品化したものを使用してくださっている女性のお客様からも、「朝のセットをした後のふんわり感に大満足です」という声をいただいています。

ちなみに、私もその社員も継続して使っていて、良好な状態を維持できています。ただ、やめるとまた薄くなるようです。先般、社員の一人がコロナにかかり2週間休んだ時にエキスを振りかけるのをやめていたら、その短期間で見事に薄くなっていました。（もっとも再度使い始めたら、すぐに元に戻りましたが。）

もちろん全員が必ずフサフサの毛が

生える、とまではいえません。毛根が完全に活動を止めてしまっていたら、生えないこともあり得ます。

ただ、70代でも生えてきた実例があることを考えれば、もっと若い年代から使用すればかなりの効果が期待できるのではないかと思います。

そもそも白麹を髪に使ってみようと考えたのは息子です。

息子がある時、ラットに白麹を飲ませる実験をしていたのですが、数週間続けていた頃、飼育員の方が「白麹を飲ませていないラットよりも毛ヅヤがよい」と言い出したのだそうです。

そこで息子も検証してみる気になり、白麹のエキスを抽出した液体を作り、私が被験者第一号となったのです。

なぜ麹の成分で毛髪に変化が起こるのかすべてを解明しきれないのですが、仮説はあります。

免疫力の話をした際に、制御性T細胞という免疫細胞が増加すると述べましたが、この制御性T細胞が頭皮の幹細胞を活性化するという論文とデータがあります。

幹細胞というのは、皮膚なら皮膚、血液なら血液、腸なら腸と、決まった場所で消えた細胞の代わりを作り続けるものです。

それが頭皮に増えると考えれば、発毛に関わる細胞がもう一度作られるようになった結果なのかもしれません。

薄毛の悩みは男女も年齢も問いません。対策のためにさまざまな製品を使っている人も多いでしょう。

しかし、スーっとするような清涼感の強い成分の入った育毛剤などは、有効成分が入っていたとしても、かえって頭皮の乾燥を招く可能性があります。

また、個人で海外から育毛剤を購入している方もいるようですが、使用によって血圧が上がるという話もあります。

その点、麹ならケミカルな強い成分のものを使うよりずっと安心なので、肌が弱い方でも使いやすいと思います。

アンチエイジング3　気になる加齢臭、体臭や口臭も消える

次に麹のうれしい効果としてご紹介したいのが、消臭効果です。

中年以降になると、気を付けていてもどうしても加齢臭が出てくることもあります。

黒麹は、加齢臭も、また元々体臭がきついといった場合のニオイも、どちらも抑える効果を持っています。

加齢臭は、年齢とともにノネナールという脂肪酸の分泌が増え、それが臭うことが主な原因です。

体臭の場合も大元の原因は皮脂で、皮脂が酸化することによって独特のニオイになります。ワキガなどの原因も、脇にあるアポクリン腺という汗腺から分泌される脂肪酸が、ニオイの大元の原因です。

いずれの場合も、体が作る脂分はその人が食べたもので作られているはずです。

ですから、麹を食べるとニオイがしなくなるということは、腸内環境が整っ

た結果、分泌される皮脂の質や構成が変わるのかもしれません。

妻の父親が同居していた時、かなり高齢だったためにどうしても加齢臭が気になったのですが、黒麹を毎日摂ってもらっていたら3か月経つ頃には臭わなくなりました。

ニオイということでいえば、黒麹と白麹は口臭と口腔環境も改善します。

実証するために3年ほど、私自身で麹の歯磨きを作り、試しています。どういうものかというと、特殊な加工を施した麹に、塩とミントを混ぜたものです。

高齢者の口臭は、主に歯茎の衰えや歯周病が原因です。私も妻も口臭が出るのはよくないと、定期的にお互いにニオイをチェックしています。

そしてこの歯磨きを使うと、嫌なニオイはまったくしていません。

また、歯科で定期的に診てもらっているのですが、歯肉の検査をした時には医者が、「あなたの歯茎は20代前半の若々しさですよ」と驚いていました。

「麹で汚れが落ちるの？」と疑問を持たれるかもしれませんが、麹に含まれる酵素の力が役立つのです。

麹は元々多くの酵素を持っています。

酵素は物質を分解し、溶かすような働きをします。

歯磨きに使っている麹は、汚れの元になるような栄養価の部分をなくし、酵素のみを持った麹を独自に開発し使っているので、酵素の働きで汚れを溶かせるのです。

昔から塩で磨くという方法もありますね。たしかに塩は歯茎のケアにはよいのですが、塩だけでは歯についた汚れを完全には落とすことはできません。

また、一般的な歯磨き粉のように練り状にしてチューブに入れてしまうと、防腐剤を入れる必要が出てきます。そのため、粉末状のものを作りました。防腐剤が入っていない、研磨剤も入っていない、万が一飲み込んでしまっても問題ない歯磨きです。

ニオイの問題は難しく、消臭スプレーのような外側から働きかけるものだけでは、限界があると思います。

麹を利用すれば、体の内側から解決していけるのです。

アンチエイジング4　更年期障害をやわらげ、ストレスも軽減

麹はストレスの軽減にも役立ちます。

48ページでもご紹介したように、黒麹と白麹はノルアドレナリンというホルモンの分泌を抑える物質を作ります。

このノルアドレナリンというのはストレスホルモンで、何かストレスがかかった時に心拍数を上げ、体を戦闘モードに調整するものです。もちろん、本当に戦う時には必要なホルモンですが、必要でない時に分泌されていたら心身ともに疲れてしまいます。

現代はストレス社会で、子どもから大人までどんな人でもストレスを抱えています。ですからこのホルモンの分泌が抑えられ、その結果ストレスが軽くなるという働きはとても重要です。

ストレスがさまざまな不調の引き金になることは皆さんもご存じですよね。

特に更年期のさなかにストレスが強いと、不快な更年期症状をより強めてしまう可能性があります。

自分ではコントロールできないホルモンバランスの変化で不調が出ていると
ころにさらにストレスがかかることで、メンタル面への悪影響も大きくなって
しまいます。

私の妻や知人の奥様、我が社の女性社員たちなど、白麹の成分を摂っていた
女性たちは、更年期障害がまったく出ないか、または、出ていたけれど摂り出
したら症状が止まった、という方ばかりです。

最近では男性の更年期症状が話題になることも増えてきましたが、私自身は
50代以降も辛い症状に悩まされた記憶はなく、40代の息子も今のところそうい
う不調はないと言います。

アンチエイジング５　男性の機能維持と妊活を手助け

もうひとつの白麹の見逃せない働きに、男性機能の維持と、妊活のサポート
というものがあります。

「麹で妊活のサポートができるなんて、眉唾ものだ」と叱られるかもしれませ

んが、麹を摂っていると妊娠しやすくなるという実例を、我が社の社員をはじめ、今までに本当にたくさん見てきています。また我が社の麹の成分を摂り始めたところ「子どもを授かりました」というお礼状も数多く届きます。

麹と生殖能力の関係について、今までは客観的なデータを公開するのが難しかったのですが、2022年8月に熊本で開催されたフォーラム2022で、我が社と北里大学の共同研究内容を初めて学会に報告できました。

それは「白麹の成分によって、精子の形態異常の状態を改善する」という内容です。不妊傾向を持つオスのマウスに、白麹の成分の入ったサプリメントを摂取させたところ、精子数の増加などではなく、「尻尾がやや折れ曲がっている異常精子数の減少」によって、不妊改善効果が見られたのです。白麹だけでなく、米麹を含むエサでも出産回数や一度に産まれる子どもの数が優位に増加しました。

これは実験していた私たちにとっても、驚きの事実でした。

また、以前不妊治療中の男性に相談され、白麹の成分を摂るようにしてもらったところ、精子数は８０００から３億に、活性率は一桁台から80％に上昇したとの報告を受けました。

麹が直接精子に働きかけるわけではありませんが、麹が腸内に入って何らかの作用をすることで、生殖機能が正常に動く状態になるように体全体を整えてくれるのではないかと思います。

また、加齢で衰えていく男性機能の維持にも役立ちます。

これは白麹ではなく、黒麹とニンニクの組み合わせの場合なのですが、その成分のサプリメントを摂っていると、72歳の私でも朝とても元気になります。

これは男性特有の感覚だと思いますが、年を取ってもやはり、朝シャキッと元気かどうかは、自分が健康かどうかがわかるバロメーターのひとつです。

70代の私でもはっきりと効果を感じるので、もっと若い年代の方であればよりわかりやすい効果が出るのではないでしょうか。

最近では不妊の原因は女性の側だけでなく、男性側に原因がある率も高いことがわかってきました。

男性も、加齢とともに元気な状態の精子数が減少するそうです。

2016年の全国調査では、以前の調査結果と比べ、性機能障害、つまり〝性行為ができない〟割合が増加している、という結果が出ています。

そういった現状が、ますます少子化に拍車をかけていると思います。

長く不妊治療をされていたり、男性機能の衰えにひそかに悩んでいる場合は、ちょっと麹に目を向けてみてください。

何しろ麹は食べ物ですから、安心してすぐ生活の中に取り入れやすいと思います。

病気の予防1　オートファジー機能を活性化？

オートファジーという言葉を聞いたことがあるでしょうか。

オートファジーとは、人の体に備わっているリサイクル機能のことです。

人間の細胞はタンパク質でできています。その細胞の中のさまざまなタンパク質が使っているうちに徐々に劣化してきます。

すると、細胞が自分でその劣化してきたタンパク質を取り込んで消化してしまい、新たに作り直すのです。これがオート（自動的に）ファジー（食べる）の意味です。

全身の細胞がその機能を持っています。新たに生まれてくる細胞もあるのですが、自分の中の劣化したものを再度リサイクルし、自分のためにもう一度作り直す、ということを私たちの細胞は行っているのです。

オートファジーが働くと何がよいのかといえば、古くなった細胞が生まれ変わるわけですから、若々しさを維持する、病気を予防するといったメリットがあるのです。

例えば、皮膚の細胞は定期的に入れ替わっていますが、心臓の細胞は基本的に新たに生まれ変わることがないので、このオートファジー機能が働くことで、健康な細胞の状態を維持しているのです。

若い時の方がこの機能の働きはよく、どうしても加齢とともに機能が落ちてきます。それによってさまざまな病気になりやすいということがわかってきているのです。

アルツハイマー型認知症の原因のひとつも、このオートファジー機能が落ちてきて、アミロイドβという物質が脳内に残ってしまうからといわれます。

年齢を重ねるほど自然なオートファジー機能は衰えていくので、この機能を意図的に活性化させようという提案が、話題の「16時間断食」なのです。

まだまだ研究中の機能であり、これからさらに新たな説が登場してくるかもしれませんが、2022年4月から麹のオートファジー機能研究も開始しています。

麹のさらなる力に、乞うご期待といったところです。

病気の予防2　がん治療を強力にサポート

これもまた、トンデモ説のように受け取られてしまうかもしれませんが、白麹とお茶の成分を使ったサプリメントは、さまざまな形でがんの治療の手助けになっています。

もちろん「これを飲めば、がんが治る！」というようなものではありません。

ただ、抗がん剤治療をされる方の症状をやわらげたり、大きさが縮小して治療がしやすくなった、といった事実がいくつもあります。医師である息子も治療に取り入れ、患者さんにご協力いただきながらデータを集めています。

息子から聞いている実例をいくつかご紹介します。

①腎臓がんから膵臓がんへ転移してしまったAさん（40代・男性）は、白麹のサプリメントを飲み続けていたところ、膵臓がんの大きさが縮小したので、ピンポイントのレーザー治療が可能になりました。

②息子が病院に勤めていた時の患者さんで、大腸がんのステージ4というBさん（70代・男性）。術後の再発に対して、抗がん剤での治療をして定期的にCT検査で経過をみていたのですが、途中から白麹のサプリメントを毎日摂ってもらいました。抗がん剤の影響でずっとお腹の調子が悪く、食欲も芳しくなかったのですが、白麹を摂り始めてから食欲が戻り、食べ物がおいし

く食べられるようになりました。

③前立腺がんから骨に転移されたCさん（70代・男性）。手術はできないので、抗がん剤でできる限りの治療をされているのですが、「抗がん剤の影響が辛いのでもうやりたくない」と相談されました。そこで「白麹のサプリメントを摂りながらなら、少しラクに続けられるかもしれないから、もう少し続けてみましょう」と提案し摂ってもらいました。現在も抗がん剤の治療を続けることができていて、前立腺がん自体も抑えがきいている状態です。

こうした話のほかにも、がんが小さくなったり消えた、という話は多く寄せられています。もちろん、これがすべての人に当てはまるといえるわけではありません。しかし、事例としてこのようなことが起きています。

麹はもちろん薬ではありませんし、麹ががん細胞と直接戦っているわけではありません。ではなぜそんなことが起きるのか。

腸内で麹が働くことで、がん細胞が成長しにくい環境、がん細胞の成長を抑えるような体作りをしていくのではないかと考えています。

抗がん剤の治療は心身ともに負担が大きいので、麹の摂取がそれを少しでもやわらげる助けになる、ということを多くの方に知っていただければと思っています。

ペットのボケ対策にも麹が活躍

麹が人間の体にいかによい影響を及ぼすかをご紹介してきましたが、実は麹は動物にもよい影響を与えてくれます。

我が家で長年ポメラニアンを飼っているのですが、10歳を越えた頃から人間でいうボケた状態になり、おもらしをしたり、しっかり立てなくなったりしてきました。

妻に「麹でなんとかならないかしら」と相談され、普通の米麹と、食べやすくなるように他のよさそうな成分を混ぜたものを与えていたら、しっかり元気になって復活したのです。体は年相応の弱りはありますが、今も元気に過ごしています。

同じくシェパードも飼っていたのですが、こちらも13歳頃からボケの症状が出始めました。そこで同じく米麹をアレンジしたものを与えていたら、弱々しくなっていた鳴き方が、しっかり「ワンワンワン！」と吠えるようになったのです。

15歳で亡くなりましたが、寿命が2～3年は延びたのではないかと思います。

また、両方に与えていて気づいたのは、糞のニオイが臭くなくなるということです。

逆に困ったことは、毛も復活してくることです。

51ページでご紹介したように人間の髪の毛が生えてくることもあるわけですから、老齢の犬なのに毛ヅヤがよくなりフサフサになってきて、抜け毛も増えるし、夏場は暑くて逆にかわいそうなくらいです。

私は長年麹を研究するために、鶏と豚を自身で飼っているので、麹が動物の体に入ってもよい影響を及ぼすということは当然わかっていました。

ですがさらに、ボケるといったような脳の不具合にもよい影響があるんだ、ということには驚かされました。

麹の計り知れないパワーにまだまだ期待してしまいます。

第2章

おいしくかしこく食べて、体の中から健康に

外食編1　居酒屋メニューでも発酵食品は食べられる

この章では、実際の生活の中でどんな工夫をすれば発酵食品を摂りやすいかを考え、ご紹介していきます。

食事は、できるなら自炊をするのが理想ではありますが、そうもいかない方も多いでしょう。そこで、外食の時に発酵食品をどうやって食べるかを考えてみましょう。

おさらいですが、日本の2大発酵食品は、調味料と漬物でした。自炊でないとこういうものが食べられない、ということはありません。外食でも発酵食品を食べることは可能です。

まず単純に、和食のお店や居酒屋を選ぶこと。そしてそこに、納豆や漬物、煮物、煮込みなどのメニューがあれば、それらを一品は頼むことです。

お酢も発酵を利用している調味料なので、酢の物やお寿司などお酢を使ったメニューも発酵食品のひとつです。

またお酢は、大さじ一杯を毎日摂ると、内臓脂肪、BMI、中性脂肪といった、複数の数値が減少するという研究結果も出ています。

　メタボを気にしつつも、つい揚げ物を頼んでしまったり、深夜にラーメンを食べてしまうこともありますよね。そんな時、ちょっとお酢をかけて食べるようにすれば、罪悪感も少しはやわらぐと思います。

「かつお出汁の＊＊＊」のようなかつお節が使われたメニューや、味噌煮、味噌漬けなど、味噌を使ったメニューがあれば、それらも当然発酵食品です。

また、チーズも発酵食品なので、チーズと一緒に調理されているメニューがあれば、それもよいですね。

　もちろん、注文のすべてを発酵食品にしなければいけない、というわけではありません。居酒屋メニューでも意外に発酵食品は色々ありますよ、ということをお伝えしたいのです。

　特に、店主のこだわりが強い料理を出しているような個人規模の店なら、きっと漬物も自家製できちんと漬けていることが多いと思うので、そういう店へ行ったらぜひ漬物も食べましょう。

医者や家族に「野菜も摂って」と言われて、外食では必ず生野菜サラダを注文するという健康意識の高い方もいらっしゃるかもしれませんね。でも、生野菜サラダを無理に食べなくても、お新香や手作りの漬物でも十分食物繊維は摂れますし、そうすれば実は乳酸菌も一緒に摂れているのです。

外食編2　牛丼店でも実は意外にある発酵食品

実は意外に発酵食品があるのが牛丼店です。

メインの最もシンプルな牛丼は、具材には発酵食品はありませんが、タレにしょうゆとみりんなどの調味料が使われていると思います。

最近はメニューの中に、「キムチ牛丼」、「チーズ牛丼」といった、発酵食品がそのままトッピングされたものがあります。

また、納豆が上にのっているようなメニューもあります。

例えば「キムチ牛丼」にセットで味噌汁とお新香をつければ、かなり発酵食品の多い食事になりますね。朝定食にも納豆や味噌汁がついているものが多いので、それを選ぶのもよいでしょう。

ただしネバネバ食材は、皆さんよく噛まずに飲み込んでしまっていることが多いので、早食いしがちなビジネスマンの方は要注意。できるだけよく噛むことを意識して食べましょう。

こういったメニューさえ食べていれば毎日牛丼店でよい、発酵食品を十分に摂れている、という意味ではありませんが、外食の際にこういったことをちょっと覚えておくと、発酵食品の補給ができると思います。

外食編3　人気の韓国料理も発酵食品だらけ

昔より増えた韓国料理店も、発酵食品の宝庫です。

まず発酵食品の代表的な存在ともいえるキムチがありますし、日本のしょうゆ、味噌などに似ている調味料が多く、テンジャン、コチュジャンなどの味噌があります。サムギョプサルを食べる時に付ける甘辛い風味のサムジャンという調味料も、発酵食品です。

ですから韓国料理店に行った時は、調味料をたくさんつけて食べるとよいですね。

また、韓国のお酒の代表、マッコリも、米や小麦と麹を使って発酵させたものです。

我が社でもマッコリを造っています。実は私の祖父、河内源一郎が韓国人の丁稚さんに河内菌を使ったおいしいマッコリの造り方を教えたことから、韓国で造られているマッコリもほとんど河内菌を使っているのですが、そのあたりの詳しい経緯は、拙著『麹のちから!』にご紹介しています。

マッコリというのは本来、米や小麦を使って麹を造り、そこにさらに酵母と乳酸菌を加えて発酵させて造るもので、酵母が生きているため、時間と共に徐々に味が変わっていく飲み物です。

その味の変化を楽しむ飲み物なのですが、大量生産をしようと思うと味の変化があってはいけないので、店頭で売られている長期保存に向いたマッコリは、本来のものとは別物といえます。

本格的な韓国料理店へ行ったら、ぜひ本場のマッコリを飲みましょう。

どうしても外食続きの時や、最近ジャンクなものばかり食べていた、というような時は、韓国料理を選ぶのも発酵食品補給の手段のひとつです。

飲み物編１　焼酎、日本酒、ビール、健康のために選ぶなら？

「お酒は飲みたいけれど、できれば健康のことも気にしながら飲みたい……」という方は多いと思います。

そういう場合は、やはり焼酎か日本酒をおすすめします。

なぜならそのふたつは発酵食品であり、どちらも麹を一緒に摂れるからです。麹が摂れれば腸内環境に作用して、１章でご紹介したようなさまざまな健康効果も期待できます。もっとも焼酎の場合は蒸留酒なので、麹発酵由来の揮発成分だけということになりますが、それでも血栓を溶かすプラスミンの増加に効果があります。

とはいえ、「ビールだけは外せない……」という方もいらっしゃるでしょう。

ビールも発酵させて造りますし、決して悪いものではありません。1～2杯をおいしくいただくのであれば問題ないと思います。

ただし、宴会の最初から最後までずっとビールを大量に飲み続けるような飲み方は、お腹がいっぱいになると思いますし、あまりおすすめできません。

また、ビールは麹を使っているわけではないので、麹ほどの腸内環境への劇的な影響は期待できないかもしれません。

ですから「健康も気にはなるけれどお酒を飲みたい、楽しみたい」という方は、ビールはある程度の量でとどめ、焼酎や日本酒も取り入れてみてください。

もちろんワインやウイスキーなどの他のお酒も、たいてい発酵というプロセスを経て作られているので、楽しく飲む分には何も問題なく、よいと思います。

前述しましたが、韓国のマッコリも米と麹を使っているお酒なので、発酵食品のメリットをより取り入れながらお酒を飲みたいならおすすめです。

ちなみに我が社ではつい最近、白麹で特別な麹水を作り、それを使った〝麹水ハイボール〟を開発しました。

白麹は大量の酵素を出してどんどん分解作業をするので、これを飲むとお酒の回りも速いけれど、分解されて体外に出るのも速く、悪酔いしません。

私は何年も前から、真夏の間は白麹で作った麹水（作り方は98ページ）を飲んで、夏バテにならずに過ごしてきました。それをなんとか皆さんにもお届けしたいと考えて開発したのが、この〝麹水ハイボール〟です。

炭酸と合わせてあるので、「夏はビールの炭酸ののどごしが欠かせない！」という方にも喜んでいただけるのではないかと思います。

飲み物編２　甘酒は日本の伝統的スタミナドリンク

もうひとつ強くおすすめしたい発酵食品が、甘酒です。

甘酒は名前に「酒」とついてはいても、米麹で作るものはアルコール度数はゼロ。酒粕で作るものの場合は１％程度のアルコールはありますが、どちらにしても体に極端な負担をかけない飲みやすい飲み物です。

特に米麹だけで作る甘酒は、ブドウ糖、オリゴ糖、必須アミノ酸、ビタミン

B群、酵素といった栄養素が豊富です。

さらに最近では、エルゴチオネイン、コウジ酸、フェルラ酸という抗酸化力の高い成分も含んでいることがわかってきています。

ですから「飲む点滴」なんて呼ばれているのです。

通常、甘酒は黄麹を使った米麹で作られるのですが、我が社では白麹を使って作る甘酒も開発、販売しています。

白麹の甘酒は、ブドウ糖だけではなくクエン酸を作ります。クエン酸は体全体のエネルギーになりますし、同時に作られるブドウ糖が脳のエネルギーにもなるので、一日中パソコンに向かっているような頭脳労働の方、また、肉体労働の方にも最適です。

白麹の甘酒を子どもに4週間にわたって飲んでもらい、腸内細菌を調べたところ、腸内環境を整える酢酸、酪酸が増加。また、腸内の粘膜のバリア機能を高める働きを持つ、プロピオン酸も増加するという結果が出ています。

ですから、甘酒は確実に腸内環境を整えてくれるといえます。特に麹だけで

甘酒を飲んだ園児の便の酢酸濃度の変化

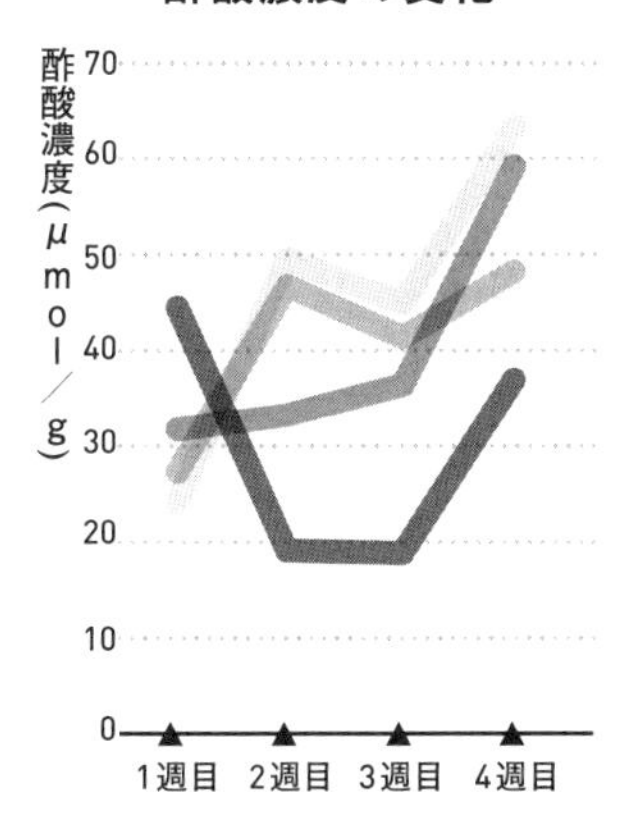

甘酒を飲んだ園児の便のプロピオン酸濃度の変化

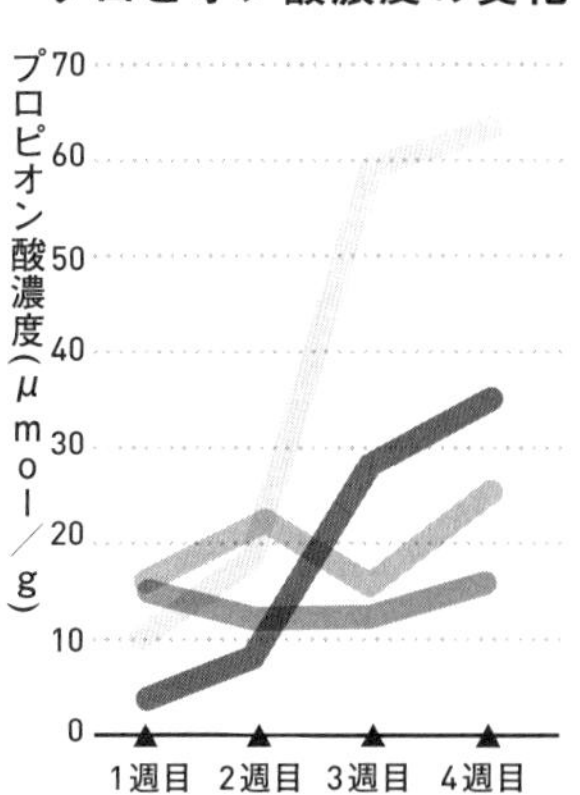

甘酒を飲んだ園児の便の酪酸濃度の変化

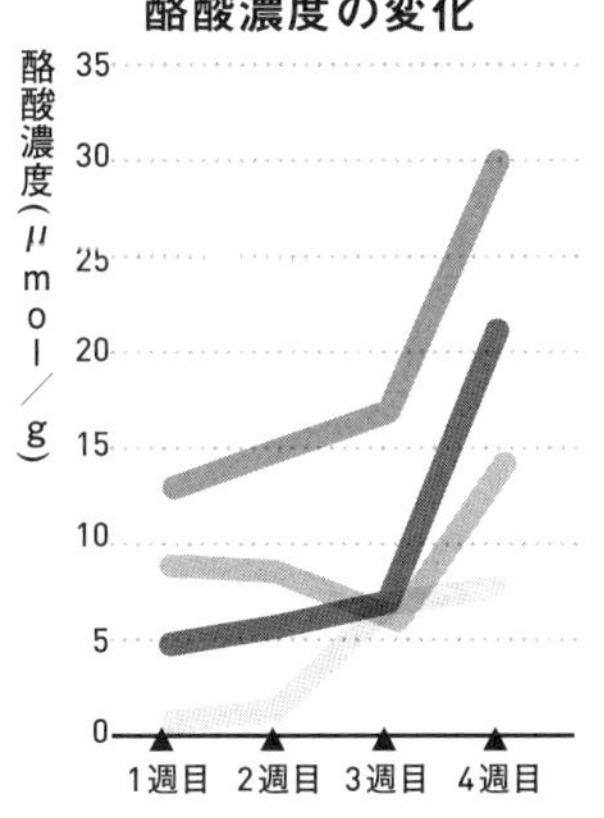

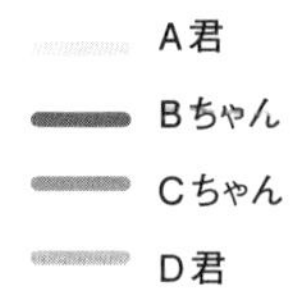

4人の保育園児に毎日100gの甘酒を飲んでもらい、4週間にわたって便の状態を調べたところ、腸の粘膜のバリア機能を高めるプロピオン酸や腸内環境の改善に役立つ酪酸の濃度が増えた。

作る全麹甘酒は、腸内環境を大幅に改善するレジスタントプロテインが大量に摂れるのでおすすめです。

最近では市販の甘酒の種類が増え、スーパーやネットショップでも販売されているので、手作りするのが難しい方はそういったものも利用されるとよいと思います。

そういった製品を購入する場合は一度裏側に表示されている「原材料名」の部分を見て、砂糖、人工甘味料、保存料、酸化防止剤などが添加されていないものを選びましょう。

増加中の〝発酵ショップ〟も健康づくりの強い味方

実はこの数年で、さまざまな発酵食品を集めた〝発酵ショップ〟とでも呼びたいようなお店やカフェが、日本全国に次々とオープンしています。

やはり皆さんが発酵食品の健康効果に気づき、期待し、体調を整えたい、免疫力を高めたいという声が多くなったからこその傾向だと思います。

長年麹と発酵食品の力を訴えてきた私としても、とてもうれしい傾向です。私は１９９０年に、地元鹿児島の鹿児島空港のすぐ近くに、麹と焼酎とビールのテーマパークを建設しました。焼酎やビールの作り方を見学できたり、麹を生かしたメニューを食べられるレストランを併設するなど、オープン当時は他に類を見ない施設だったと思います。

現在も稼働していて、ご予約だけになりますがレストランには「甘酒カレー」「麹豚のハンバーグ御膳」など、麹を生かしたメニューをそろえています。

また、流行のバーベキュースタイルで、麹を食べて育った牛肉や豚肉の提供もしています。

それにしても、発酵というもの自体の注目度が上がり、専門的なショップやカフェなどがこんなにまで増えるようになるとは、さすがに予測していませんでした。

このまま日本全国で発酵文化、発酵食品が注目され、そして皆さんの生活に根付いていってほしいと思います。

発酵ブームによって、本当は発酵させていない発酵風の商品も出回るようになりましたが、こういった専門店で販売されている発酵食品はこだわって作られているものが多いので安心ですし、カフェやレストランに行って食べるだけならとても手軽です。

今まで知らなかった食べ物、知らなかった味に出会って、ぜひ「おいしくかしこく食べて、体の中から健康に」を実感してください。

自炊編1 自炊で1日1食和食、それだけで発酵食品が摂れる

ある程度自炊をされる方の場合は、発酵食品をより摂りやすいと思います。

まず和食で考えてみると、納豆や漬物は手軽で毎日続けやすい発酵食品です。

また、煮物でも炒め物でも、調理にしょうゆ、みりん、お酢、日本酒などを使えば、それらからも少しずつ発酵食品を摂っていることになります。

もちろん、どの調味料も極端な摂りすぎは当然よくないので、適量を使いながら食べましょう。

朝昼晩毎食でなくても、朝だけは、夜だけはなど、1日に1食は自炊の食事を食べるようにすると、発酵食品が毎日摂りやすいと思います。

自分でぬか漬けや味噌を手作りされる方も以前に比べ増えてきたので、そうした手作り発酵食品を食べるのもよいと思います。93ページでご紹介する塩麹に野菜や肉を漬けておけば、簡単においしく発酵食品が摂れます。

味噌汁も必ず毎日飲まなければとまで思う必要はありません。一度作れば2〜3日は食べられるので、週の3分の1から半分くらいは味噌汁も簡単に飲めると思います。

最近流行っている「味噌玉」も、ナイスアイデアです。

味噌とかつお節、または顆粒出汁、乾燥わかめや高野豆腐、乾燥の麩などを混ぜ合わせ、1食分ずつに分けて丸めてラップで包み、冷凍庫へ入れておきます。食べる時にはそれにお湯をかけるだけでOKなので、とても手軽に味噌汁が飲める方法です。

かつお節は、それで出汁を取ればそこにも発酵食品がプラスされますし、ほうれん草のおひたしのような葉物野菜やナスなど、色々な野菜にただかけるだけで簡単に摂れる、便利な発酵食品です。

和食以外では、まず手軽に続けやすいのはやはりヨーグルト。

ただ、市販のものはどうしても、保存料や人工甘味料が加えられていることがあるので、原材料名を確認し、できるだけ乳製品のみのプレーンなタイプを選びましょう。

また残念ながら、ヨーグルトに含まれる乳酸菌、ビフィズス菌は、ほとんどが大腸に到達する前に胃酸で死んでしまいます。ただし、死んだ菌は腸内細菌の善玉菌のエサにはなるので、食べる意味がゼロというわけではありません。

最近は、自宅で手軽にヨーグルトを作れる道具も販売されています。自分で作れば、余計なものが入っていない上質なヨーグルトを楽しめます。

とはいえ、ヨーグルトさえ食べていれば発酵食品は摂れていると過信せず、できるだけ色々な発酵食品を食べるように心がけましょう。

チーズも手軽に摂れる発酵食品ですが、食べるならヨーグルトと同様に添加物が少ないものがおすすめです。

前述の甘酒も、毎日飲むのでもよいですし、調理の際に、砂糖の代わりの甘みとして利用すると日々の食事に取り入れやすくなりますね。しつこくなく、それでいてコクが感じられるので、煮物などの味がワンランクアップします。

また、プレーンヨーグルトの甘みとして甘酒を加えるのもおすすめです。

精製された砂糖やダイエット用の甘味料が体によくない、という話を聞いたことがあるかもしれませんが、その代わりとして調理に使える甘い味のものは、現在あまり選択肢が多くありません。

そんな時、米麹ともち米などの自然な材料だけで作られた甘酒を使ってください。自然な甘みを楽しめて健康にもよいので、罪悪感なく食べられます。

自炊編2　和食の調味料は本物志向にこだわるべし

自炊の際にひとつだけ注意したいのは、しょうゆ、みりん、お酢、味噌などの調味料はできるだけ本物を使用することです。

「調味料に本物、偽物なんてあるの？」と思われるかもしれませんが、それが結構あるのです。

偽物とまでは言いませんが、本来その調味料には入っていないはずの、特に必要ないものが入っていることはかなりあるのです。

例えば〝減塩タイプ〟や何か味が付いているタイプのしょうゆには、食品添加物が入っている場合もあります。甘めの味が好まれる地域では、何かしらの糖分が加えられていることもあります。

「健康のためによかれと思って選んでいたのに……」とショックを受けられるかもしれませんね。ですが、大量生産できて長期間保存がきくものを作ろうとすると、どうしても〝流通のため〟に何かをプラスすることになるのです。

ですから、ここで認識をアップデートしましょう。添加物の多い調味料を〝減塩タイプ〟だからとドバドバとかけるよりも、本物の調味料を少量使う方が、本来の香りや風味、味も楽しめます。

そもそもしょうゆをはじめとする和食に使う調味料は、本来は添加物を入れ

和食に使う調味料と主な原材料

調味料	主な原材料
しょうゆ	ショウユコウジカビ・大豆・小麦・塩・水
みりん	米麹・もち米・米焼酎または醸造用アルコール
穀物酢	米または穀物や果物・麹・水
味噌	米麹または麦麹・大豆・塩
かつお節	カワキコウジカビ・かつお

る必要はありません。

ある程度の期間であれば、常温の場所でも簡単には腐らないと思います。それこそが、発酵の力、微生物の力によるものです。

ですから、まず原材料名を見て、できるだけシンプルなものを選びましょう。それぞれの調味料が何で作られるかの材料を上の図でご紹介しますので、参考にしてみてください。

また食品添加物は、原材料名の中で「／（スラッシュ）」より後ろに表記されるように決まっているので、判断の目安にしてください。

なぜなら、色々な添加物が入った調味料を使っていると、せっかく自炊で健康的に発酵食品を摂っているはずなのに、日々の食事で添加物も少しずつ体に蓄積していくことになってしまうからです。

それに、調理の際に使った調味料を後から避けることはできないからです。例外は、後からかけるしょうゆの量くらいです。

食品添加物は国が決めた基準にのっとった範囲の量しか入っていませんし、それも十分に安全性を確認したものだと思います。

それでも調味料として毎日使っていると、少しずつ積み重なっていきます。ジャンクフードや明らかに添加物の多そうな食べ物は、それを「食べない」と避けることができますが、料理に使われた状態の調味料は後から避けることができません。

ですから、せっかく健康を意識して自炊をする、発酵食品を摂るのなら、調味料もちょっとこだわって選んでみていただきたいのです。

もちろんそういう本格的な調味料は、少しお値段が張るかもしれません。けれど、本物の発酵食品の健康効果は1章でもお伝えしたように驚くべきものがあります。

そうした効果を期待するのであれば、サプリメントや薬に頼るのではなく、毎日のように体に取り入れるものに少しお金をかけてもよいのではないでしょうか。

本物の調味料はどれも、添加物がなくてもおいしくできていると思います。

自炊編３　新たな定番調味料「塩麹」は自分で作れる

塩麹は、一般のご家庭やレストランなどのメニューに、すっかり定着した印象があります。

市販品もありますが、最近ではスーパーなどでも麹が販売されているので、本物の発酵食品にこだわるなら作ってみるのもひとつの方法です。

塩麹は、麹と塩と水を混ぜて作りますが、何のために塩を入れるのかといえば、腐敗防止のためです。

ですから、塩麹を作る時に大切なのは、塩分濃度です。

塩分濃度が薄すぎれば腐りやすくなってしまいますし、濃すぎれば腐敗の心配はなくなりますが、塩辛いだけでおいしさが感じられないものになってしまいます。これでは、体にも良くありません。

塩のしょっぱさと、麹が作り出す糖の甘みが溶け合ってまろやかな味わいになり、一般の人でも扱いやすいように。そのバランスを考慮して、塩分濃度は12～13％がベストだと導き出しました。

ご自身で計量するのが面倒な方に向けて、我が社では、丹精込めて作った麹と適量の塩を一緒にしたものも販売しています。これは水を加えてしばらく置くだけでごく簡単に作れるので、ご興味がわいた方は試してみてください。

次のページから、我が社の塩麹の作り方、さらに塩麹を使ったレシピなどをご紹介します。

基本の「塩麹」

炒め物や煮物など、さまざまな料理に使えて、うま味をグンとアップさせる万能調味料。およそ1週間ほどで完成する。

【材料】米麹……300g
　　　　食塩……90g
　　　　水………400ml

作り方

1　麹と塩を保存用容器やボウルなどに入れて、よく混ぜる。
2　水を半分（200ml）入れ、フタをしてそのまま1日置く。
3　2日目に、残りの水（200ml）を入れて、全体をよくかき混ぜる。
4　そのまま1週間から10日ほど、常温の場所に置く（夏場は5日程度）。1日1回、全体がなじむようにかき混ぜ、空気を入れる。
5　米粒がどろっとして、指でつぶせるくらいの柔らかさになったら発酵が完了。味見をして、塩のしょっぱさが少しやわらいで、まろやかになっていれば完成。

★完成後は冷蔵庫で保管し、3～4か月を目安に使い切る。
★量が多ければ密閉できる容器に小分けして冷凍し、使う時に自然解凍を。

野菜の塩麹漬け

麹菌が出す酵素が乳酸菌の成長促進を助けてくれるので、一晩でもしっかり漬かる。ちょっと余った野菜を数種類まとめて漬けてもいい。

【材料】きゅうり、にんじん、大根などの
好きな野菜……適量
塩麹……野菜の1/10程度　目分量でOK

作り方

1　野菜をよく洗い水気を切る。適当な大きさに切る。
2　ジッパー付きの保存用袋に入れて、塩麹を加えてよくもむ。空気を抜いて、冷蔵庫で一晩寝かせる。

ゆで卵の塩麹漬け

好みの硬さにゆでた卵を塩麹に漬けるだけのお手軽レシピ。卵は完全栄養食なので、筋トレなどでボディメイクしている方のタンパク源にも。

【材料】ゆで卵……2個　　塩麹……大さじ1/2

作り方

1　ゆで卵の殻をむき、塩麹と一緒にジッパー付きの保存袋に入れて全体になじませる。空気を抜いて、冷蔵庫で3日ほど漬ける。
2　卵を取り出し、表面の塩麹を軽く落として食べやすい形に切る。

豚ロースの塩麹焼き

肉が柔らかくなるので、ロースだけでなく、ももやすね肉、ブロック肉などにも応用可能。鶏肉や牛肉でももちろんOK。

【材料】豚ロース……180g×2枚
塩麹……大さじ1強

作り方

1　ジッパー付きの保存袋に豚ロースと塩麹を入れ、よくもみこむ。冷蔵庫で半日くらい置く。
2　表面の塩麹を少し落としてから焼く。

冷凍魚の塩麹焼き

冷凍した魚が冷凍焼けすると特有の臭みが出るが、塩麹に漬けると臭みが取れてほどよい塩気が付くので、ただ焼くだけでおいしく食べられる。

【材料】冷凍の魚の切り身……1切れ
塩麹……適量

作り方

1　冷凍していた魚（サケ、アジ、サバなど）の表裏両方の表面に、塩麹を塗る。全体が薄く覆われるくらいを目安に。冷蔵庫で5時間ほど置く。
2　表面の塩麹を少し落としてから焼く。

豆腐の塩麹漬け

麹の酵素が豆腐に入り、タンパク質を分解するので、チーズのような食感と濃厚な味わいを楽しめる。

【材料】豆腐……1丁
塩麹……豆腐の表面を覆えるくらいの量

作り方

1 豆腐をガーゼで包み、塩麹の中にガーゼごと入れて、冷蔵庫で3～4時間ほど漬ける。
2 豆腐を出し、ガーゼをはずして周りの塩麹を軽く落とす。

卵黄の塩麹漬け

生卵の卵黄を塩麹で漬け込むと、旨味も栄養価もアップ! 黄身がべっこう色になり、型崩れしなくなったら完成。焼酎や日本酒の肴にピッタリ。

【材料】卵黄……3個　　塩麹……大さじ5

作り方

1 保存容器に大さじ2の塩麹を敷き、その上にガーゼを敷く。
2 卵黄をガーゼの上にそっとのせる。
3 卵黄の上にもガーゼをのせて残りの塩麹で覆い、冷蔵庫で2～3日ほど寝かして完成。

★卵黄が破けると卵が溶けてしまうので、2は慎重に。
★塩麹に漬けたままなら保存がきくが、取り出したら食べきること。

しょうゆ麹

炒め物の味付けに、冷奴にかける、卵かけご飯のしょうゆ代わりに、納豆に混ぜるしょうゆ代わりになど、何にでも使える万能調味料。

【材料】米麹……100ｇ
しょうゆ……100cc
しょうゆ（後で足す用）……適量

作り方

1　しょうゆと麹を混ぜ合わせる。半日〜１日、冷暗所で常温で保存する。
2　麹がしょうゆを吸ったら、またひたひたになるくらいまでしょうゆを足す。そのまま１週間程度、常温で保存する。
3　とろみが出て麹の粒が柔らかくなり、麹の香りがしてきたら完成。

★完成後は冷蔵庫で保管し、３〜４か月を目安に使いきる。

麹水

麹を水に漬けるだけなのでとても簡単で、健康効果が高いドリンク。夏バテ対策、便秘対策、発酵食品の補給などに。アルコールを飲む時のチェイサーにも。

【材料】米麹……100g
水……500ml

作り方

1　麹を不織布のパック（お茶や出汁を入れるための大きめのもの）に入れる。
2　容器に（麦茶ポットやピッチャー）に１を入れ、さらに水を入れる。
3　冷蔵庫で８時間ほど置いたら完成。

★必ず冷蔵庫で保存し、３日以内に飲みきること。
★同じ麹を使って３回程度繰り返し作れる。

第3章

唯一無二の日本のカビ「麹」が持つ驚きの作用

唯一無二の日本のカビ、それが麹

発酵食品、なかでも麹の驚くべき健康効果についていくつもご紹介しましたが、この章では、そもそも麹とはいったい何者なのか？　ということを詳しくご紹介したいと思います。

麹は、カビという微生物の一種です。以降は麹菌と呼びます。

「え？　カビなんて食べて大丈夫なの？」と不安に思う方もいらっしゃるのですが、大丈夫だということは、我々日本人が長い時間をかけて証明しています。

また、例えばブルーチーズ製造に青カビを使うなど、日本以外でも人間はカビを食べ物に利用してきました。

一口にカビといっても色々で、人間の体に害となるカビもいれば、害とならない上に、味をおいしくしてくれるカビもいるのです。

その中でも、日本の麹菌は特異な存在です。

まず麹菌というのは、肉眼では見えなくても、温暖で湿度の高い場所であれば空気中のどこにでもいます。

何をしているのかというと、でんぷん質やタンパク質にくっついて、それを食べて代謝活動をし、酵素を多量に出し、その酵素で元の物質を分解します。

ですから、太古の昔にはお米に勝手に麹菌がくっつき、勝手に発酵した液体ができ、それを人間が発見したことでお酒というものがこの世に生まれたのだと思います。

一説には、縄文時代にはすでにお酒を造っていたという話もあります。

その頃から麹菌は、我々の近くにいたのです。

麹菌の学名は、「アスペルギルス」と言います。

ただし、〝麹菌〟という1種類のカビがいるわけではなく、さまざまな種類の麹菌がいます。

日本で主にお酒造りに使われる麹菌は次の3つです。

- 主に日本酒を造る時に使われる黄麹
- 沖縄生まれの黒麹
- 黒麹の突然変異で生まれた白麹

そもそも〝麹に種類がある〟ということもあまり知られていないのですが、日本で造る日本酒、焼酎、甘酒といったお酒にはほぼすべて、この3種類のいずれかが使われています。

「アスペルギルス」のグループのカビは、世界中を見れば他にも存在します。

ただし日本の麹たちと大きな違いがあります。

それは、「日本の黄麹・黒麹・白麹にはカビ毒を出す遺伝子がない」のに比べ、海外に多くいる「アスペルギルス フラバス」という同じグループのカビは、「かなり強い毒を出す」という点です。

これが、日本の麹菌が唯一無二である理由です。

「毒を出す遺伝子がない」ということは、日本の研究者たちが総力をあげてゲノム解析（遺伝子解析）をし、突き詰めて研究した結果、2005年に出した答えです。

一般的なカビという微生物は、やはり人間の体に毒となるものが多いのです。

ところがこの黄・黒・白の3種類の麹菌には、カビ毒を出す遺伝子そのもの

麹菌とその他の微生物

菌の種類	学名	日本名	備考
黄麹	アスペルギルス オリゼー	ニホンコウジカビ	主に日本酒(清酒)や甘酒、味噌などを作る時に使われる。クエン酸は作らない。
黒麹	アスペルギルス リュウキュウエンシス ヴァルカワチ	アワモリコウジカビ	主に沖縄の泡盛や九州の焼酎造りに使われる。クエン酸を作る。
白麹	アスペルギルス リュウキュウエンシス ミュータエンシスカワチ	カワチキンシロコウジカビ	黒麹の突然変異。九州の多くの焼酎造りに使われる。クエン酸を作る。

微生物の働き	学名	日本名
しょうゆを作る	アスペルギルス ソーヤ	ショウユコウジカビ
かつお節を作る	ユーロチウム アムステロダミ他	カワキコウジカビ、または カツオブシコウジカビ
ブルーチーズ(ゴルゴンゾーラ)を作る	ペニシリウム グラウクム他	アオカビ属
カマンベールチーズを作る	ペニシリウム カンディダム	シロカビ(俗称)
豆腐ようを作る	モナスカス パープレウス	ベニコウジカビ

がない。または、遺伝子変換をされたかのように、そうした悪影響を及ぼす部分が欠損していたりするのです。

これには長年麹とみっちり付き合ってきた私も、本当に驚きました。長年の経験上、麹菌が毒を出していないことはわかっていましたが、ゲノム解析のようなミクロの解析をして、はっきりと証明されたのですから。

地球上に星の数ほどいる微生物の中でも、なぜか日本でしかうまく培養できず、毒性を持たず、人間に害をなさず、食べ物や飲み物をおいしくしてくれる麹という存在。

本当に不思議な生き物です。

日本人と麹は長い恋人

黄・黒・白の麹は、これまで基本的には日本でしかうまく培養できませんでした。

その理由のすべてはわかりませんが、ひとつには、麹が生きるのにちょうどいい温度と湿度などの外的環境が揃っていること、またそれに加え、日本人の勤勉さ、丁寧さなどの性質的なものが、大きな理由になっていると思います。

本書の冒頭からお話ししているように、日本の食文化の歴史は、麹と一緒に歩んできた歴史です。

味噌・しょうゆ・みりん・穀物酢。

これらの調味料はいずれも、作る過程で麹が使われています。

日本酒・焼酎・甘酒。

これらのお酒にも、造る過程ですべて麹が入っています。

〝和食〟は麹がなければ成り立たないのです。味噌汁もお寿司も、麹がなければ食べられなかったかもしれません。かつお節に関しては、黄・黒・白の麹とは違いますが、カワキコウジカビという麹の仲間のカビを付着させて作ります。

ちなみに納豆だけは、麹ではなく納豆菌という細菌を使って作ります。

麹菌自体は海外にもいるのかもしれませんが、それを飲み物や食べ物に活かすためには、まず我々のような種麹屋が初めに種麹を作ることが必要です。

焼酎なら黒麹か白麹の種麹を作り、それを蔵元が購入し、焼酎を造ります。日本酒の場合は、黄麹を使った日本酒用の種麹を作る種麹屋があり、日本酒の蔵元はまずそれを購入します。

この種麹の作り方は日本人が編み出し、長い時間をかけて伝えてきたものです。かなりの根気と技術、観察力が必要な作業で、現在はある程度の部分は機械で行えるようになってはいるのですが、一朝一夕にできるというものではありません。

ですから、海外で一から作ることはなかなか難しいのです。

これが日本でのみ麹の食文化が続いてきた理由だと思います。

麹の力の源は、分泌する酵素の多さと働き

では麹は、何がそんなにすごいのでしょうか。

一番に挙げられる理由は、酵素の産生力です。〝酵素の宝庫〟とも呼ばれるほど、麹は数多くの酵素を分泌するのです。

分泌される酵素の種類は膨大で、100なのか1000なのか、まだその全容は解明しきれていませんが、中でもでんぷん質を消化して糖分に分解するアミラーゼ、タンパク質をアミノ酸に分解するプロテアーゼ、脂肪を分解するリパーゼの3大消化酵素が豊富に含まれています。

我々が事業に利用しているのは、その中のアミラーゼとプロテアーゼですが、麹が出すすべての酵素をひとつひとつ追っていくのは不可能に近いでしょう。

酵素というのは簡単にいうと、〝何か物質を変化させる時に触媒として使われるもの〟です。主にタンパク質で構成されています。

人間の体で説明すると、食べ物を食べて消化吸収し、代謝や排泄をするといった活動のすべての段階で、酵素が働いています。

酵素が働いて物質の大きさや形を変え、分解するから、食べたものを体の中に取り入れる、不要なものを排泄するなどの代謝活動ができるのです。

哺乳類だけでなく、すべての生物は酵素が働いて代謝活動をしています。

麹でいえば、麹が分泌した酵素が野菜や米などの元の物質に作用して、味をおいしくしたり保存性を高めたり、健康によい物質を生み出したりするので、私たちはその性質を利用して、おいしい食べ物やお酒を造ってきたのです。

洗剤で〝酵素パワー〟を謳っているものがあったり、化粧品で〝酵素洗顔〟という言葉を聞いたことがありませんか。

これは、酵素の分解能力をうまく利用して、油を〝分解〟して汚れを落とす、という発想から生まれています。

麹はその酵素を膨大な量分泌するわけですから、物質を分解したり、元の性質と違うものに変えたりすること、つまり発酵という行為がとても得意な生き物なのです。

そもそも我々が種麹を作るプロセスの中で、まず一度、発酵しています。

そうやって作られた種麹を酒蔵や麹を販売する麹屋さんが購入し、酒蔵はお酒を造る、麹屋さんは種麹を元に自分たちでさらに麹を作ったり、味噌や塩麹などの発酵食品を作ったりします。さらに、味噌や塩麹に食材を漬け込むなどして、家庭で発酵食品を作る方もいます。

ですから麹は、私たちが種麹を作る段階でまず発酵し、そこから嫁いだ先でも生きてさえいれば、さらに発酵し続けているわけです。

麹と発酵は切っても切り離せない関係で、麹の生体そのものが発酵とイコールである、ともいえるのです。

黒麹、白麹のすごさはクエン酸を作ること

そんなにも大量の酵素を分泌しているわけですが、麹が作り出すものは酵素だけではありません。そこがまた麹のすごいところです。

日本で長らく使われてきたのは、日本酒や味噌を作る時に使う黄麹です。実は焼酎も、途中までは黄麹で作られていました。

そして、黒麹と白麹は、前述のように私の祖父、河内源一郎が途中で発見したものです。

祖父がどうやってこのふたつを発見したかの詳細については、拙著『麹親子の発酵はすごい！』でご紹介しています。

では黒麹と白麹は、黄麹と何が違うのか。

それは、クエン酸を出すか出さないか、です。

沖縄生まれの黒麹と、そこから突然変異で生まれた白麹は、クエン酸を出します。黄麹はクエン酸を出しません。祖父はその点に気づいたのです。

クエン酸というのは酸ですから、防腐作用があります。

ですから黒麹や白麹で造る焼酎は、まだ冷蔵設備の整っていなかった時代でも腐りにくいという利点がありました。

またそれぞれに、香りや味も独特の風味を持つ焼酎を造ります。

九州で造られ、皆さんにもなじみの深い焼酎は、実はこの黒麹や白麹が使われているものが多いのです。

つまり、同じアルコール発酵であっても、醸造酒である日本酒ではクエン酸を出さない黄麹が、蒸留酒である焼酎ではクエン酸を出す白麹と黒麹が使われているというわけです。

非常に興味深いことに、ヨーロッパでも醸造酒であるワインの製造には比較的糖度の高い葡萄が、蒸留酒であるコニャックではクエン酸が多い酸っぱめの葡萄が使われることとよく似ています。

これは、もろみを蒸留する際にクエン酸が含まれているとクエン酸エチルエステルという物質が産生され、より風味高い蒸留酒ができるからなのです。

つまり、クエン酸は腐敗を防止するだけでなく、風味を高める作用もあるということです。

もちろん黄麹には黄麹のよさや役割がありますが、クエン酸を出さない黄麹は腐りやすいので、種麹を作る際の温度管理が難しく、できあがった焼酎の保存性も低いため、近年では焼酎造りにおいては使われていませんでした。

しかしここ数年、衛生面や保存の環境も整い、これまでにない酒質を追求すべく、黄麹の焼酎造りに果敢にチャレンジしている蔵元もあります。

ともあれ黒麹と白麹は、クエン酸を出すという特徴のおかげで、おいしく保存性も高い焼酎造りの元になる麹として認知され、現在まで人気を博しているのです。

麹が存在するだけで環境がよい方へと変わっていく!?

ここまでは麹と食べ物、飲み物の関係をお話ししてきましたが、実は私が麹について最も驚いている麹の力とは、その面ではありません。

麹、特に黒麹と白麹の持つ〝共生力〟とも呼べる根本の力です。

これが最も不思議な点であり、研究しがいはあるのですが、その奥深さゆえにすべてを解明するのは簡単ではありません。

麹は確かに自分自身で酵素をたくさん出したり、クエン酸を出したり、キチン質を構成したりします。ですがそれ以外にも、自分のいる環境を大きく変える力を持っているのです。しかも、人間や地球にとってよい方に変えるのです。

どういうことかというと、わかりやすい例でいえば、腸内細菌叢を変えます。

麹はなぜだか、乳酸菌、納豆菌、酵母菌、光合成細菌、放線菌といった、いわゆる善玉菌と呼ばれる菌に好かれます。腸内でも腸内でなくとも、麹があると、そこにそういった菌が寄ってきて増えていくのです。

ですから種麹を作る時には、そういった他の菌が入らないように苦労するのですが、人間や動物の体内に入った時には、その特徴がよい方向に働きます。1章で詳しくお話ししたように、麹を食べていると、腸内で善玉菌が増えます。最近注目されている、酪酸を作る酪酸菌も増えます。そこに麹自体の分解能力も手伝って、食べたものをきれいに消化できます。

こうした諸々の現象が合体して、結果、便通がよくなるのです。

また、詳しいメカニズムは4章でご紹介しますが、黒麹を使って豚のし尿を「発酵」させた液肥をまいた土は、作物に必要な養分をたっぷり含んだ、フカフカの土に変わっていきます。

これは、麹が何かよいものを出して土を変えているというよりも、よい土にする働きを持つ土壌菌を呼び集めているらしいのです。

これを畑にまくと、麹は善玉菌に好かれますから、土にとっての善玉菌である放線菌などのさまざまな菌が増え、それぞれの菌が活性化していきます。

まいたその日や1週間くらいでは土の見た目や状態に大きな変化はありませんが、それでも麹が入ったとたんに菌叢がざーっと変わっていくのです。これは私も研究でも何度も目にしています。

その結果、土壌の保水性や通気性が高い団粒構造がきれいに形成され、土の中に酸素がしっかり供給されるようになっていきます。

そして2～3か月もすると、足が5㎝くらいググっと埋まるようなフカフカの土に変わるのです。この事実はまず私の畑やお隣の茶畑で確認済みです。

体内でも土の中でも、麹がなぜかよい菌を呼び集めて活性化し、それぞれをよい環境に変えていくのです。

麹が持つ驚きの〝共生力〟

またこんなこともあります。

1章でご紹介したように、麹を食べた鶏の腸の中でブトキシブチルアルコールというストレスホルモンの分泌を抑制する物質が増えるのですが、麹がこのブトキシブチルアルコールを作って出しているのだろうと予想して調べると、そうではない。麹が直接それを分泌しているわけではないのです。

しかし、鶏が麹を食べると別の腸内細菌がブトキシブチルアルコールを生産するらしいのです。不思議です。

麹はただ、その物質が生まれやすい環境を作っているのだと考えられます。酪酸も同じです。

現在、腸内環境改善のカギは酪酸だと言われています。ですから、世界中の機関が腸内の酪酸をいかに増やすかにしのぎを削っています。

我々が２０１５年にプラハで開催された、ＥＵ家禽学会に出席した時のことです。多くの有名な製薬会社が、酪酸を鶏に食べさせてその結果を発表していました。

確かに酪酸を鶏に食べさせると成長効率が良くなったり、免疫抵抗力が向上したりと色々な効果が現れるのですが、一社として鶏の盲腸内で酪酸が増えることを報告している会社はありませんでした。おそらく、酪酸を食べさせても盲腸内の酪酸の増加は確認できなかったのでしょう。

唯一我が社だけが、微量の黒麹を食べさせると有意に盲腸内で酪酸が増えることをそこで報告したのです。

麹自体が酪酸菌を出しているわけではないのに、食べた人の腸の中では酪酸が増える。麹がいることで、なぜか酪酸菌が増えやすくなり、その結果として酪酸がたくさん作られるのです。

日本で腸内環境の研究でトップといわれる研究者の方が、「体外から乳酸菌を摂取しても効果が得られる可能性は低い。なぜなら、腸内細菌は乾物で1kg以上存在している。これに対して外部から乳酸菌を摂取しても、せいぜい1gにも満たないだろう。これで効果を得られるとは考えにくい」と言っておられます。

私もこの考えに賛成です。

しかし、麹だけは別なのです。

あくまでも鶏での研究ですが、麹は全体の0・04%程度とごく微量で効果を発揮するからです。逆に、それ以上与えすぎると効果が出なくなることも確認しています。どうやら麹には酵素の力だけでなく、ホルモン様の作用があるらしいのです。

ですから私は、腸内環境の改善には麹が最も力を発揮する、とみています。麹とあわせて優良な乳酸菌も摂取すればいいのではないでしょうか。

麹がいることで、周囲にいる菌や物質がガラッと変わっていく。

それは麹が〝共生力〟に長けていて、集まってくる菌や物質を皆がうまく働けるように生かす力を持っているからだと思います。

息子の文晴が、麹し尿液肥（詳しくは4章で紹介）のDNA解析をしているのですが、そこには既知の微生物は3割しかおらず、残りの7割は未知の微生物なんだそうです。どうやら窒素固定菌もいるようなのです。

そして、麹し尿液肥を使っている畑では1反あたりの収量が1・5倍になるなど、メリットが多く表れるのです。

未知の微生物というと、学者の方々は「何かしら毒性を持つ菌がいるのでは？」とお考えになりますが、麹し尿液肥は弱酸性です。

また、麹入りの液体飼料（＝麹リキッドフィード、詳しくは4章で紹介）を食べた豚のし尿は、当初アルカリ性ですが、種麹を入れて発酵させると弱酸性に変わっていきます。

毒性のある菌というのはアルカリ性で活動するものが多いので、弱酸性の状況では生きられず、活動できないのだと思います。

実際、麹し尿液肥をここ5年くらい研究し、使用し続けていますが、毒性の面で問題は起きていません。

また前述の通り、麹自体も「毒を出さない」ということがわかっています。

麹は毒は出さず、人間や動物の体内でも、土の中でもよい微生物を呼び込み、増やすことができる。自分のいる環境を破壊したり、周囲にいる他の微生物と戦ったりせず、共存、共生し、よりよい循環の環境にしていく。

麹はまだ人間が確定しきれていないような微生物たちをも呼び込み、また自分もさまざまな物質を作り出しながら、腸内環境を変える、土壌を変えるという、人間が自力ではできない、見習うべきことを行っているのです。

これが麹の持つ最も驚くべき力だと思います。

デトックスにも優れた作用を発揮１　土壌汚染

麹のすごさがわかるもうひとつの面は、デトックスを行うという点です。麹は、農薬の成分や放射能などの害となるものをデトックスするのです。

まず私が研究してきた限りの結果では、麹は硝酸態窒素という成分をなくすことができるのです。これは実験で私自身がはっきりと確認しています。硝酸態窒素を含む培養液で麹を培養すると、麹が硝酸態窒素を食べて菌体タンパクに変えてしまうのです。

硝酸態窒素とは、タンパク質が分解され、酸素と結合した硝酸イオンというものです。野菜をよく育てるための肥料としても使われているものですが、多く摂りすぎれば人間の体にとって害となる強い毒素です。

またその肥料を使っていなくても、家畜の糞や尿をその辺にまいていると、糞尿に含まれるタンパクが分解されてその土壌に硝酸態窒素が発生します。

この硝酸態窒素はやっかいなことに水に溶ける性質なので、水に溶けて土の中を地下まで浸透していき、地下水に溶けてしまいます。これが怖い点です。

地下水に浸透しているということは、硝酸態窒素が含まれている水を、回り回って人間や家畜が飲むことになってしまうのです。

実は私の暮らしている鹿児島県の大隅半島は、この硝酸態窒素の問題を長年抱えていました。排泄されている家畜のし尿の量が、なんと1000万を超える東京都民の人口から排泄されるし尿の量とほぼ同量なのです。

しかも、すべてのし尿を適切に処理しきれず、また、液肥としての利用も完全にはできておらず、硝酸態窒素による土壌汚染が深刻な状態です。放っておけば、いずれ人が住めなくなるかもしれない、とも懸念されています。

故郷である鹿児島のそんな状況にいたたまれず、なんとかこの汚染を減らしたいと考え、研究に精を出しました。そして、麹菌が硝酸態窒素を食べてしまうことを発見したのです。

どうすれば硝酸態窒素の害を減らせるのか。麹の培養液を土壌にまけばいいのです。いずれ麹が硝酸態窒素を食べて、菌体タンパクに変えてしまいます。

さらに、共生している亜硝酸還元菌は硝酸態窒素を分解して、窒素ガスへ還元することも可能になるかもしれません。

窒素ガスに変えて空気中に拡散させれば、飲み水に浸透する心配がなくなりますし、窒素ガス自体は大気中に存在しているものだからです。

このことについてはもう少し深く掘り下げる必要があり、さらに研究を進めなければなりませんが、可能性は存分にあると考えています。

現在は、麹リキッドフィードは農家にとっては扱いが難しいようで、同様の効果を期待できる麹飼料の利用が増えており、すでに県内の６００軒を超える畜産農家が麹飼料を利用しています。

デトックスにも優れた作用を発揮２　環境ホルモン

麹の持つデトックスの力は他にもあります。

フタル酸エステルという化学物質があります。

これはプラスチックやビニールに添加剤として使われる化学物質で、俗に〝環境ホルモン〟と呼ばれる物質のひとつです。

このフタル酸エステルが原因で、睾丸が小さくなるという現象が起きてしまいます。我々の共同研究者である鹿児島大学の林國興教授の研究によって、ごく微量のフタル酸エステルが原因でマウスの睾丸が小さくなるという結果が出ています。

言ってみれば、男性が物理的に女性化する大きな原因のひとつなのです。

なぜ、フタル酸エステルが体内に取り込まれてしまうのでしょう。

ひとつは畑の雑草を除去するための除草剤に含まれているからです。すべての除草剤に含まれているわけではありませんが、除草剤を使った稲が、フタル酸エステルを作ることが研究でわかっています。

それなら除草剤を使わない、無農薬の野菜を食べればよいともいえますね。

確かに最近そうした野菜も以前より増えてきていますが、比率としてはまだまだわずかで、すべての日本人が無農薬野菜だけを食べるというのは難しい状況です。

また、フタル酸エステルは、マルチ栽培で使用されるビニールにも含まれているので、そうやって育った野菜を１００％避けるのは至難の業です。

あまりに無農薬野菜にこだわっていると、完全な自給自足を行わない限り、日常生活で食べられるものがなくなってしまいます。

そこで、麹を食べてほしいのです。

我々の作っている黒麹や白麹は、フタル酸エステルを分解するのです。

なぜそうなるのか、まだすべてを解明することはできませんが、麹は自分のいる環境に害を及ぼすものを的確に選んで排除するよう働いてくれるようです。

食べ物に厳しい条件、制限を設けるよりも、悪いものを出してくれるものも一緒に食べる。

ぜひ麹を積極的に摂って、フタル酸エステルを体内に蓄積させないようにしてほしいと思います。

デトックスにも優れた作用を発揮３　放射能

もうひとつ麹のデトックスパワーを紹介させてください。

それは、放射能に対してです。

「たかが麹だけで、そんなに何でもかんでもできるわけがない」と思われる方もいらっしゃるかもしれませんね。ですが放射能に関しては、麹だけの話ではありません。

発酵食品が放射能に対して力を発揮する、ということは昔からあちこちで言われてきました。そして、広島大学の渡邊敦光名誉教授が行ったマウスの実験結果があります。

3匹のマウスにそれぞれ、「A：普通のエサ」「B：食塩入りのエサ」「C：味噌入りのエサ」を与え、その後で放射線を照射し、その後のマウスの体を調べました。

すると、「C：味噌入りのエサ」を食べたマウスの、小腸の細胞の再生率が最も高いという結果が出たのです。（ただしこれは、照射する前に食べた場合の結果です。）

麹や麹を使った発酵食には、ものすごいパワーがある。これは疑いようのない事実なのです。

麹の共生力は、最新の科学技術をもしのぐ

麹と環境という意味で、もうひとつお伝えしたいことがあります。

実はここ3年ほど、鹿児島県でさつま芋に〝基腐病(もとぐされ)〟が大発生しています。次々にさつま芋が枯れてしまい、このままでは鹿児島県の生産品の代表、芋焼酎が作れなくなるのではないか、とも心配されています。

２０２０年には九州では福岡県、熊本県、長崎県、さらに九州だけでなく、高知県、静岡県、２０２１年2月には岐阜県でも発生するなど、被害は拡大しています。

この急な広がりは、土壌殺菌を繰り返し続けてきたことによるものではないかと思います。

農薬を使って土壌を殺菌すれば、病原菌だけではなく、土の中にいる有効な微生物まで一斉に殺してしまいます。言ってみれば抗がん剤の効き方と同じよ

うなものです。

その農薬に耐えた、基腐病の菌だけが残っているから、今はその菌がはびこってしまっている。それをまた殺そうと、より強い殺菌剤を使おうとする……と、堂々巡り。

色々な殺菌剤を使って基腐病の菌を退治しようとしていますが、まだ太刀打ちできていません。

そんな状態の中、我が家の畑ではほとんど基腐病は出ていません。でも、隣の畑では出ています。我が家の畑で何をしているかといえば、豚のし尿を麹を使って液肥にしたものを一面にまいているだけなのです（詳細は4章に）。

おそらくですが、病気の原因である菌を力任せに殺すのではなく、麹の共生力によって、そうした菌が住めない、生きていけない環境を微生物たちが作っているのでしょう。

病気が出たらより強い薬を作って抑え込むのではなく、病気の原因となるものが生きていけない環境を作り、自然に発生を抑えていく。そんなことは、人間の科学技術ではまだできません。

ですから私は、麹は日本の土壌も世界の土壌も含め、地球を救うと本気で考えていますし、いかにその力を使って世の中の役に立てるようにできるかを真剣に研究し続けているのです。

酵素力１００倍!?　近い未来の麹の可能性

黒麹と白麹にどんなことができるかをさまざまお話ししてきましたが、ご紹介した以外にも私はまだまだ色々な可能性を感じ、研究を続けています。

現在、従来の１００倍の酵素力を持つ麹飼料を開発中です。これがきちんとできあがると、同じ量のエサで、鶏の肉量を15％以上増やせるのです。また、ドリップのかなり少ないおいしい鶏肉になります。

この場合も必要とする麹の量は本当にちょっとなので、これも養鶏農家の助けになるのではないかと思っています。

また、麹とはちょっと違うのですが、２０２２年の7月に、系列の霧島高原ビールの方で、昨今注目度が上がっているＣＢＤを使ったビールを発売しました。

ＣＢＤオイルはリラックスできる、寝つきがよくなるなどの働きが注目されています。

そのビールが初日で売り上げ目標の１３０％を達成するほど人気が出たので、次はこのＣＢＤオイルと我が社のサプリメントのひとつ、茶麹を合体させたサプリメントを発売する予定です。

この組み合わせは、現代人の大きな悩みであるストレス対策や、うつ症状に働きかけられるのではないかと期待して、研究と試作を続けています。

そして、４章で詳しくご紹介する牛用の麹飼料については、カナダからジョイントベンチャーの問い合わせが来たりしています。

麹飼料や麹し尿液肥については、カナダだけでなくオーストラリアやヨーロッパ方面などからも問い合わせが来るなど、日本人よりもいち早く世界が麹に注目し始めています。

これは、食べる、飲むだけではない麹の力に多くの人が注目し始めている証であり、また、大量生産と廃棄を繰り返してきた結果行き詰まりを見せている環境問題の解決、改善を、麹が助けてくれるかもしれないからです。

麹にできることは、皆さんが想像しているよりもっとずっと幅広いのです。

まだまだこの麹のポテンシャルを引き出し、皆さんの健康や環境のために役立つものを開発していきたいと考えています。

麹にどんなことができるのか、次章で解説していきます。

第4章

「麹＋発酵」の力の活用がSDGs実現のカギ

さまざまな環境問題を「発酵×麹」が助けている

ＳＤＧｓ（エス・ディー・ジーズ）という言葉とその概念、内容が、広く知られるようになりました。２０２０年に拙著（『麹親子の発酵はすごい！』）を発刊した頃は、一般の方にはまだあまり知られていませんでしたが、その後大企業がキャンペーンを行ったり、マスコミで多く取り上げられたりしたので、その言葉や意味をご存じの方も多いと思います。

ＳＤＧｓとは、２０３０年までに、国連の加盟国によって、貧困、気候変動、ジェンダー、教育などなどの、さまざまな課題の解決を皆で達成していこうという目標のことです。

実はこの大規模な目標と活動にも、「発酵×麹」が大いに役立つのです。

一見かけ離れたもののように感じるかもしれませんが、最近では発酵というプロセスが、食以外のさまざまな場所で活躍しています。

例えば、私たちの生活に直結する内容では、生活排水、産業排水を、多大に電力を消費することなく処理する方法に、微生物をコントロールしながら発酵させる技術が使われています。

バイオマスという、自然界の有機物の循環の仕組みを利用する、クリーンで再生可能なエネルギー資源（石油・石炭を除く）を作る過程にも、発酵が入っています。そのほかにも、バイオプラスチックやある特定の成分、医薬品などの生成過程に、発酵技術が活かされています。

つまり現代では、「発酵」は「食べる」以外の色々なジャンル、場面で利用されていて、しかも環境問題を軽減、解決するためのカギとして重宝されているのです。

私は、発酵の面白さ、すごさをお伝えするためにも、食べる以外の発酵の力ももっと一般の方に知ってほしいと思っています。

そこに我が社の白麹や黒麹をプラスすると、さらに簡単に環境によいことが起こるというのが、私が長年研究しながら導き出してきた結論なのです。

発酵は、私たちの体を健康にしてくれるだけでなく、地球規模で大きな働きをしてくれる。そのことをこれからご説明していきます。

発酵とは、人間が行っているのと同じ代謝活動

ところで、発酵とは何か、ここでおさらいしておきましょう。

発酵とは、

微生物たちが食べ物などの物質を栄養素として取り込みエネルギーを得て、自分で酵素などを出して元の物質を分解したり、元の物質とは違う物質、さまざまな成分を生み出す代謝活動のプロセス全般。

難しそうに聞こえるかもしれませんが、実はそんなに難しくありません。

微生物たちが、私たち人間と同じように食べ物を自分の中に取り込み、エネルギーに変換し、酵素で分解して代謝産物を出す過程そのものを発酵と呼ぶのです。

ある意味では地球上のあらゆる生き物が行っている行為ですね。

元々は、酸素を使わずに（嫌気的に）行う代謝活動を発酵と呼んでいましたが、最近では酸素を使って（好気的に）代謝活動を行っている場合も含めて、

発酵と呼んでいます。

言ってみれば発酵は、微生物たちが、火も電気も使わずに物質を変化させるマジックのような工程なのです。

発酵と腐敗を分けるのは、人間のエゴ!?

発酵の概念をご理解いただけたところで、実は、発酵と腐敗は同じことです、と言ったら驚かれるでしょうか。

私たちが普段「発酵食品」と呼んでいるものは、微生物たちが物質を取り込んでエネルギーに変換し、分解して代謝産物を出した結果、人間にとっておいしく食べられるものができたという結果の産物です。

ですが実は、微生物たちが代謝活動をして、元の物質を変化させるという意味では、腐敗も発酵と同じ現象なのです。

微生物たちの活動の結果、味がおいしくなる、長持ちさせられる、栄養価が上がるなどのよい影響を持つなら「発酵」。味がまずくなる、体に害をなすなど悪い影響を持つなら「腐敗」。

人間がそういう風に勝手に区別しているだけで、微生物たちはただ自分の活動を同じように行っているだけなのです。

さらに言えば、微生物が活動した結果、目的に合うことをしてくれる物質を生み出すなら「発酵」、目的に反する物質に変化するなら「腐敗」になります。

例えば、お米を麹が分解して糖分を作り、その糖分を酵母が分解してアルコールを作る反応を酒屋では発酵という一方で、このアルコールがさらに分解されて酢が生成される反応が酒屋にとっては腐敗になり、お酢製造業者にとってはこれも発酵になるというわけです。人間って勝手ですよね。

微生物なくして発酵なし！　素晴らしき微生物の世界

この微生物の持つ力の偉大さを、私は麹との長年の付き合いで身をもって感じてきました。

微生物とは、地球上のあらゆるところに存在するミクロの生き物です。

よく〝地球の掃除屋〟などと呼ばれますね。

例えば、木や花などの植物が枯れて土の上に落ち、最終的になくなるように見えるのは、多くの微生物がそれらを取り込んで分解し（腐敗させ）ていくからです。それが動物の死骸でも生ごみでも、同様のことが起こります。

微生物がいなければ、地球には枯れた植物や死んだ動物が山積みになってしまうでしょう。微生物たちが地球の有機物のサイクルの最終段階を担ってくれているのです。

ところが一般的なプラスチックは、微生物たちが分解できないもので、放っておけば半永久的に存在してしまうので、処理方法が問題になるわけです。

微生物の種類は膨大で、現在判明しているのは1万種程度ですが、どうやら地球上には100万種以上いるのではないかともいわれています。すべての微生物の数を調べるのは不可能に近く、私たちが発酵に利用している微生物は、その中の本当にわずかな一部の種類なのです。

一口に微生物と呼んでいますが、食べ物に関連する微生物だけでも、細菌類、カビ類、酵母類など数種類います。麹はこの中のカビ類のひとつです。

人間の体にも微生物はたくさんいます。1章で話題にした〝腸内細菌〟もいます。

また、アクネ菌という、ニキビの元になる菌の名前を聞いたことがありませんか。皮膚の上には、〝常在菌〟と呼ばれる細菌がたくさんいます。

私たちは知らず知らずのうちに、自分の体内で微生物を飼っている、共生しているのです。それらの微生物と仲良くやっていければ、お肌も腸内環境もよい状態を保てます。

ただ、微生物の中には、食べ物の成分を分解することで「腐敗」を起こす種類がいます。

黄色ブドウ球菌や、サルモネラ菌、O157のような大腸菌など、体内に入れば確実に人間の体に害をなすものもいるのです。

ですから、人間と共生しやすい微生物と敵対的な結果を引き起こす微生物がいる、ということは覚えておかないといけません。

私たちの身近にいる微生物

食べ物に関連する微生物

・細菌類…………納豆菌、乳酸菌、酢酸菌など
・カビ類…………コウジカビ、チーズ用のシロカビ、クモノスカビなど
・酵母類…………ビール酵母、パン酵母、ワイン酵母、清酒酵母、焼酎酵母など
・担子菌類……キノコ類（シイタケ、マッシュルーム、エノキタケ、マイタケなど）

体に関連する微生物

・肌…………………アクネ菌、表皮ブドウ球菌、マラセチア菌、カンジダ菌、白癬菌など
・腸内……………乳酸菌、ビフィズス菌、酪酸産生菌、大腸菌、バクテロイデス、ウェルシュ菌、腸球菌、緑膿菌など

病気を引き起こす微生物

大腸菌（有毒株）、黄色ブドウ球菌、サルモネラ菌、結核菌、チフス菌、コレラ菌、レジオネラ属菌など

※これらは地球上に存在する微生物の中で、
　人間に関係のある微生物のごくごく一部です。

微生物は、単体では肉眼で見えるものは少ないのですが、誰でも食べ物に青カビが生えた状態を一度くらいは見たことがあると思います。あれは、青カビが増殖し、つながった状態で目に見えるようになっているのです。

多くの方は微生物と聞くと、「目に見えないし、人間とはあまり関係のないものの話」と思いがちですが、実は私たちの健康や生活ととても深い関係があるのです。

その最たるものが、微生物の力を借りている発酵食品というわけです。

発酵で、味・保存性・栄養価まで高まる

では、微生物の活動によって食品が発酵した場合、人間にとってはどんなメリットが表れるのでしょうか。

まず、おいしくなります。発酵前のそのままで食べた状態よりも、味が複雑で重層的になることが多いと思います。

次に、食品そのままの状態よりも少し保存性が高くなります。

半永久的にというわけではありませんが、元の状態で置いておいた場合よりは長い期間食べられるようになります。

また、1章でも詳しくご紹介したように、発酵後にはその食品の栄養価や、健康に関わる機能がアップすることもわかってきています。

微生物の代謝活動の結果、ビタミン類や抗酸化物質、アミノ酸類などの栄養素が増えたり、元の食品にはなかった栄養素を含んでいることもあります。

これが、発酵のすごいところです。

微生物が活動したことによって、元の状態の時にはなかった物質を生み出すこともあるのです。

大昔の人間は、発酵にそんなメリットがあると科学的にわかっていたわけではないのに、「食べ物に何かの菌がくっついて少し時間が経つと、味や保存性が高くなる」ということを発見し、さまざまなトライ＆エラーを繰り返しながら発酵食品を作ってきたのですからすごいですね。

しかも、発酵食品は世界のあちこちにあるので、人種が違っても皆同じように発酵というメカニズムを発見し、食生活に取り入れてきたということです。

そんな中でも日本は特に発酵食品の種類が多く、それらが身近な食べ物になっている「発酵大国」。その土台を作っている微生物の代表が、麹なのです。

〝おいしい〟だけじゃない驚くべき力

最近ではさらに、発酵によって作る飲み物・食べ物のジャンルとはまた違う、さまざまな分野でも発酵が注目され、利用されています。

身近なものでは洗剤類。食器用洗剤、衣服用洗剤共に、微生物が作る分解酵素が使われています。

さまざまな食品添加物に使われる、クエン酸、リンゴ酸などの成分は、発酵のプロセスから生まれています。同じく、調味料に入っているグルタミン酸、イノシン酸などの成分も、主に発酵によって作られています。

化粧品分野でも、発酵は最近の注目キーワードのひとつです。

そもそも日本には、日本酒を利用した化粧品が昔から存在しています。日本酒の製造過程自体に発酵が入っていますね。

さらに最近では日本酒そのものを利用する以外にも、多くの企業が独自のコメ発酵液、大豆発酵液、ハチミツと掛け合わせた発酵液、紅花を使った発酵液などなど、さまざまな食品や植物を発酵させることで、肌によい独自の成分を作り出して利用しています。

麹ももちろん、化粧品にはさまざまに利用されています。我が社にも化粧品会社から相談が来ることがあります。

そもそも麹の大元の種麹を造る過程の中には発酵のプロセスが入っていますし、麹が作り出すコウジ酸の美白作用は、厚生労働省でも認可されています。またコウジ酸を配合していなくても、最近では麹で発酵させたコラーゲンというようなものもあります。

発酵というプロセスによって生まれる成分量の増加、浸透しやすいサイズになるなどの変化、肌への効果やメリットに、多くの企業が魅力を感じているのです。

そして、発酵が利用されているもうひとつの身近な分野が、医薬品分野です。

実はこれが、市場規模では最も大きい分野なのです。

一般的にはあまり知られていませんが、〝医薬用発酵〟は、カビや放線菌などの微生物の活動を利用して発酵を行わせ、酵素や有機酸、アミノ酸、ビタミン類やホルモンなどを工業生産する方法で、すでに一大産業となっています。

代表的な例では、ペニシリンやストレプトマイシンをはじめとする抗生物質が発酵によって作られています。抗生物質は主に、細菌性肺炎などの、細菌による感染症に使われる薬です。

また、がんなどの腫瘍に働きかける薬、胃腸薬などの製造にも、発酵の技術が利用されています。

薬、医薬品と聞くと、なんとなく隔離された研究室で、化学的なものを混ぜ合わせて作られるようなイメージを持ってしまいがちですが、実は発酵というプロセスが関係して作られているのです。

発酵は飲み物・食べ物を作るだけでなく、さまざまな分野から注目され利用されている、最先端科学の分野なのです。

サスティナブルな暮らしのベースに発酵を

そして〝食べる〟以外の発酵の利用法の中でも最も期待がかかっているのは、さまざまな環境問題を解決するひとつの方法としての利用です。

このことは、環境問題に興味がある方はすでにご存じだと思いますが、しかしまだまだ一般的にはよく知られていません。

まず大きな利用法として、クリーンエネルギーを作る際の重要なプロセスを発酵が担っています。

例えば発電です。バイオマスという、自然界の動植物と微生物などの有機物を資源として考え、エネルギー資源として利用するという方法があります。

間伐材や家庭から出る生ごみ、畜舎から排出されるし尿などの、再生可能な生活資源を利用して発電する方法が、バイオマス発電。火力、風力、水力発電でも原発を使った発電でもない新しい方法として期待されていますし、すでに少しずつ実用化されています。

このバイオマス発電の方法も大きく3種類あるのですが、その中のひとつは、家畜の糞尿や家庭の生ごみ、下水の汚泥などを発酵させてメタンガス化し、そのガスを燃やしてガスタービンを回して発電する、という方法なのです。

家畜の糞尿の処理については世界中で大きな問題になっていますし、家庭用の生ごみもそうやって発電に利用できるのであれば、処理のためにただ燃やすよりずっと有効な使い方で、リサイクルループを作れることになります。

その糞尿や生ごみをうまくガスに変換する方法こそ、微生物たちが行う発酵の力によるものなのです。そこに麹が加わるとまた別のこともできるのですが、それは次の項目でお話ししましょう。

また、バイオマスを使ってバイオプラスチックを作るというプロセスにも、発酵があります。

ある種の微生物が発酵によって水素を作るため、その水素と酸素で電気を作るという試みもあります。

もうひとつ身近な場所での大事な利用法としては、下水処理があります。日本では戦後の復興に伴って工業が発展していった半面、工場から排出される産業排水による河川の汚染が大きな問題となりました。

その汚染を解決する糸口となったのが、微生物による発酵でした。現在も有機性排水処理の主流となっているのは、この方法なのです。

ただこの方法でもさらなる汚泥が発生するなど１００％いいことずくめではなく、いくつか問題点があるため、近年ではその問題点を解決するための新たな技術も開発されています。

そして、そこにもまた発酵が利用されているのです。

一口に環境問題と言っても現代はあまりに多くの課題がありますが、発酵というある意味自然現象が、その多くの問題の解決の糸口になるのですから驚きです。

でも、本来的には当然のことなのかもしれません。

そもそも私たち人間も地球上で生きている有機物です。ということは、初めから微生物たちが活動できる物質を使うこと、微生物たちによる発酵をさまざまな製造のプロセスに初めから組み込むように考えていけば、人間にも環境にも極端な負荷をかけずにお互いが生きていけるのではないでしょうか。

「発酵×麹」なら、理想のリサイクルループが可能に

さて、そのように各方面から頼られている「発酵」ですが、そこに麹をプラスすると、さらに簡単で、しかもコストは少なく（お安く）、環境問題を減らしていくことができます。

これは、食品分野以外で私が長年情熱を傾けて研究し、農業や畜産の現場で実際に試しながら導き出してきた結論です。

これまでに、家畜の糞尿を良質な液肥や堆肥に、食品残渣を家畜用の飼料に、焼酎の製造過程で出る廃液を石油を使わず乾燥させて処理、などなど、何種類もの問題に対する解決策を生み出してきました。

それらはすべて、「発酵×麹」の力によって可能になったのです。

麹の多角的な利用

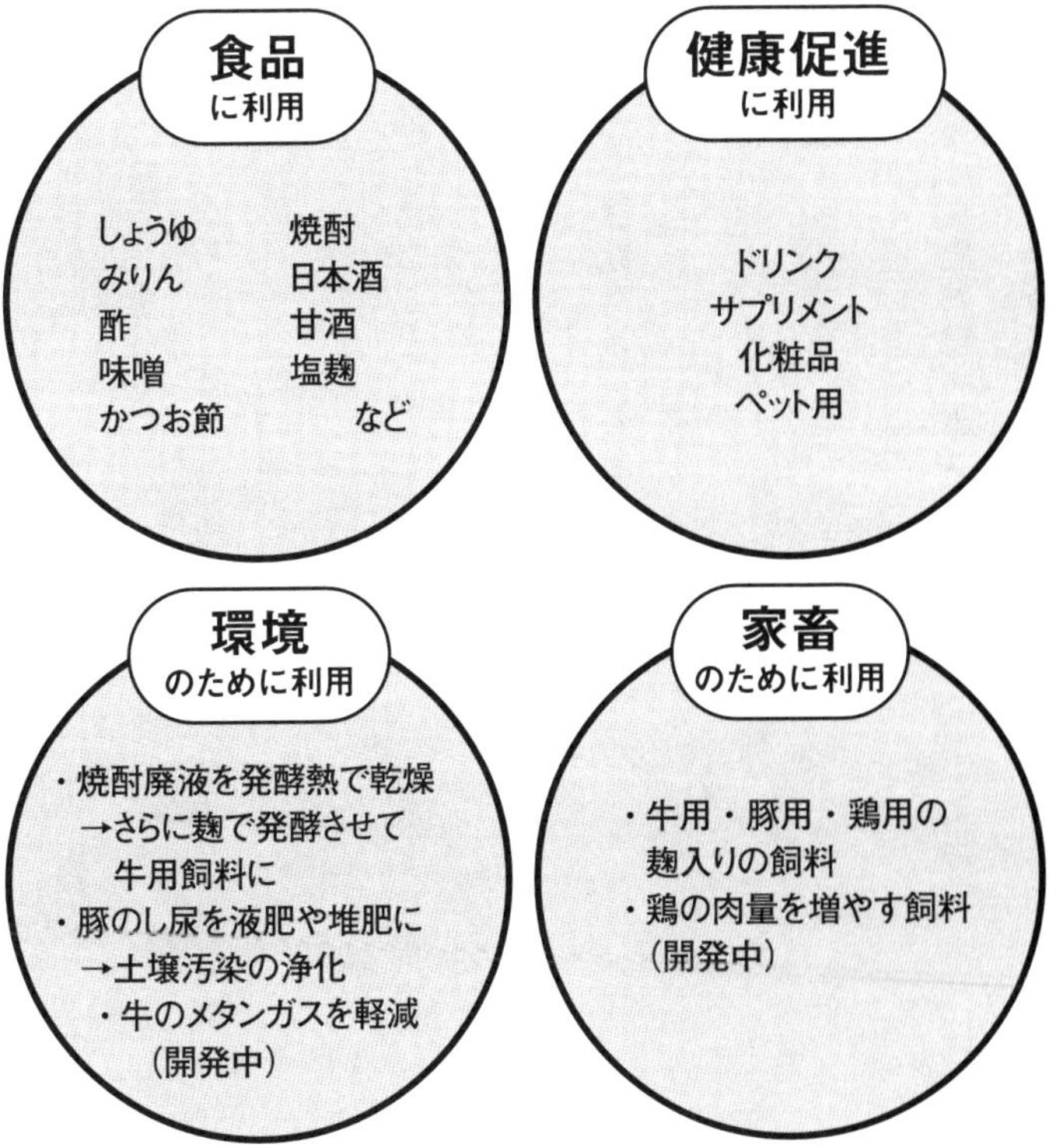

食品に利用

しょうゆ
みりん
酢
味噌
かつお節
焼酎
日本酒
甘酒
塩麹
など

健康促進に利用

ドリンク
サプリメント
化粧品
ペット用

環境のために利用

・焼酎廃液を発酵熱で乾燥
→さらに麹で発酵させて
牛用飼料に
・豚のし尿を液肥や堆肥に
→土壌汚染の浄化
・牛のメタンガスを軽減
（開発中）

家畜のために利用

・牛用・豚用・鶏用の
麹入りの飼料
・鶏の肉量を増やす飼料
（開発中）

それぞれ順番に説明していきますが、ひとつ大前提として皆さんに知っていただきたいことがあります。

麹、麹と言っていますが、これらの解決策に利用している麹は、我が社の「黒麹」と「白麹」という種類の麹です。

麹そのものについての詳しい説明は3章で行いましたが、一口に〝麹〟と言っても実は種類があること、中でも環境問題に貢献できるのは特に「黒麹」と「白麹」、ということをちょっと頭の隅に置いておいてください。

豚の糞尿と悪臭問題を丸ごと解決

私は麹の力の可能性を探る一環で、困りごとを解決するためにさまざまなジャンルで麹を利用してみた結果、「発酵×麹」の力を使えばかなり多くの環境問題を軽減、解決することができる、と確信するようになりました。

そのひとつが、養豚業にまつわる問題です。

養豚にまつわる最大の問題は、豚の糞尿による悪臭です。日本でも世界のあちこちでも、豚舎の悪臭が原因で住民問題が起きているほど深刻な問題です。

なぜそこまで悪臭が出るのでしょうか。

豚に罪はありません。人間が食べるために飼われ、食べて尿や便を出すという、人間と同じことをしているだけです。

しかし、近代の養豚では、短期間で太らせるために高カロリーの飼料（エサ）を与えられます。豚の消化能力以上の飼料を食べさせられるので、すべてを完全に消化することができず、未消化物が糞に混ざります。

その未消化の飼料に微生物が繁殖して活動する結果、腐敗が生じ、凄まじい悪臭の素になるのです。それは養豚場から何十メートルも離れたところからでも、すぐわかるような悪臭です。

もちろん糞だけでなく尿もありますし、清掃が行き届かず、残ったエサが腐ることもあります。

それらが渾然一体となって、ひどい悪臭を放つことになるのです。近隣住民ともめても仕方ないともいえます。

養豚業の方々は長年この悪臭問題と付き合ってきました。農林水産省も「家畜排せつ物法」を制定したり、専門機関に研究を委託して悪臭について調査し、対策を適切に取るよう指導をしています。

その一方で、どの養豚業者でもすぐにできる対策として提案されているのは、糞尿が蓄積しないようこまめに掃除をする、または糞尿が定期的に水で流れるようなつくりにする、換気をする、換気の方法や方向を検討する、エサの腐敗を防ぐ、床に腐敗しにくいウッドチップを敷くなどなどの、言ってみれば対症療法ばかりです。

また、関わっている人間がこまめに掃除をするしかないような状況が多く見られます。

適切な清掃をすることはもちろん大切で必須ですが、もっと人間側もラクに、莫大なコストはかけずに、この悪臭問題を解決することはできないものか。

そこで私が開発したのが、麹を利用する方法です。

私は麹を使ってさまざまな実験データを取るために、自分で実際に「源気ファーム」という試験養豚牧場を作りました。現在も鹿児島で元気に稼働し、200頭の豚を飼育しています。

この養豚場を例として、実際どんな風に麹で悪臭対策ができるのかをご説明しましょう。

麹リキッドフィードで臭いも病気も防ぐ

まず、空港から出る食品残渣に、我が社の河内菌・黒麹を生やして発酵させ、〝液体飼料（リキッドフィード）〟（以下、麹リキッドフィード）というものを作りました。

そしてこの麹リキッドフィードを豚に食べさせ、どんな影響が表れるかデータを集めていきました。

すると、麹リキッドフィードを食べている豚の豚舎は、ほとんど臭わなくなるのです。ツーンとするような悪臭がほぼゼロになります。

これは我が社の養豚場だけで確認した現象ではなく、同様の技術を採用している茨城、愛知、熊本、広島の養豚場でも確認しています。

それにしても、なぜ臭いが消えるのでしょう。

麹は、代謝活動の中で大量に酵素を出します。豚が飼料を食べて胃から腸に入った時点では、すべてが消化されていなかったとしても、麹の出す酵素が未消化の飼料をほぼ完全に分解し、消化してくれるからです。

そうなれば糞の中に未消化の飼料が入らないため、腐敗物ができないというわけです。

さらに、麹には腸内の善玉菌を活性化させる作用があるので、腸内の乳酸菌や酪酸菌が活性化して、腸内のｐＨが弱酸性になります。そして、弱酸性という腸内環境では、サルモネラ菌やＯ１５７菌などの悪玉菌は極めて生えにくくなるのです。

一方、従来のリキッドフィードは、ヨーロッパから輸入しているものです。そのリキッドフィードは飼料を乳酸菌で発酵させてｐＨを酸性にし、腐敗しにくくしているのですが、河内菌・黒麹は、食品残渣に生やした発酵の段階で酵素やクエン酸を多量に出すので、より飼料の分解能力が高く、かつ酸性寄りになります。

また、黒麹が発酵によって作り出す物質はかなり種類が多く、乳酸菌も大量に増えるので、その結果として乳酸も増えます。

クエン酸、乳酸を多く含んでいるため、麹リキッドフィードはｐＨ値が６以下と、弱酸性の状態です。ｐＨ６以下の酸性下なら、腐敗や病気を引き起こすような微生物は繁殖できません。

例えば、口蹄疫のようなウイルスや、子豚がかかりやすい、ＰＥＤという下痢の病気の原因となるウイルスなどが生きられない状況をつくることができるのです。

また、一般的な敷床豚舎では、豚の内臓に回虫が発生することが多々あります。

床に発生した回虫がエサを通して再度豚の体内に入るのですが、弱酸性の麹リキッドフィードを食べて出した糞はやはり弱酸性なので、その糞の中では回虫は生きにくくなります。

つまり、麹リキッドフィードを食べている豚は、病気にかかることも少なくきちんと成長できるのです。

実際〝源気ファーム〟の豚の、成長するまでに死亡する比率は1・5％です。一般的な大手の豚舎での事故率は10％近くになるので、1・5％がかなり低いということがおわかりいただけると思います。

麹リキッドフィードを与えるだけで、臭いの問題が解決し、さらに健康な状態で豚を成長させることができるのです。


し尿と糞を優良堆肥に、さらに有効な液肥に

麹リキッドフィードを豚に食べさせるだけでも、養豚業の大きな問題はかなり軽減できるのですが、そこからさらに麹に活躍してもらっています。

まず〝源気ファーム〟の豚舎では、バーク（樹木の皮）を1mの深さに敷き詰めています。

豚舎内の様子

源気ファームの豚たちは、広々とした快適な環境を与えられ、元気に育っている。

豚はその上で糞尿を排泄するわけですが、麹リキッドフィードを食べた豚のし尿の中にはすでに麹が含まれているため、その糞尿とバークが一緒になると、麹で元気を得た放線菌が非常に活発に活動を始める。つまり、発酵を始めます。

「腐敗」でなく「発酵」が始まるのです。

そして非常に短期間に乾燥して、完熟堆肥というとても良質な堆肥になります。このようにして我が社の試験農場で生産された堆肥は、鹿児島県の堆肥コンテストで2年連続優勝しています。この堆肥は農家から引っ張りだこで、あっという間に売りきれてしまいます。

ですから〝源気ファーム〟は、し尿や糞の処理のための排水を出さずに活動しています。つまり、限られた地域においてですが、きちんとリサイクルループを完成させているのです。

そのために必要なことは、麹リキッドフィードを食べさせるだけ。金額で言えば数千円で済みます。

このように麹リキッドフィードのおかげで、養豚業の最大の問題、悪臭は解決の道が一応見えてはきたのですが、私はそこからさらに、し尿処理に関する研究を進めています。

それは、豚や牛のし尿を短期間で、固形の堆肥でなく液状の肥料、液肥に変えるという技術です。

〝源気ファーム〟はあくまで私の実験の目的も含めた、小規模の施設ですが、加工肉製品の大手企業ともなれば、飼育する豚の頭数は何万頭、何十万頭にもなります。

大量に発生するし尿をただ捨てるのではなく、肥料として別のところで活用することができれば、日本の環境にかなり貢献できることになります。

それを可能にしてくれるのが我が社の麹なのです。

通常の畜産業のし尿処理というのは、し尿の中に含まれる有機物を大量の微生物に食べさせ、炭酸ガスと水に変えてカサを減らし、残る汚泥を凝集し、水分のみをろ過しながら放流します。ここでも発酵が利用されているのです。

ですがもし、し尿に少しでもカビが入ってしまうと、カビというのは菌糸を伸ばし、し尿の中の有機物を抱き込んで広がっていくため、プニョプニョとした綿のようなものが表面に張ってきてしまいます。

そうなると最終段階のろ過がうまくできなくなるので、「絶対にカビを入れるな」という決まりがあります。ですが完全にカビを避けるのはなかなか難しいため、業者さんは苦労しているのです。

ここでも麹の出番です。麹は発酵の過程でさまざまな物質を出すのですが、私は菌体成分の中にキチン酸やキトサンもあることに気づきました。

キトサンというのは多糖類の一種ですが、〝各種の物質を凝集する〟という特徴があります。

そこで豚のし尿に麹を入れて発酵させると、キチン・キトサンがし尿の中にいる菌体を凝集し、全部集めて固めてくれるのです。ですから、麹を入れて1～2週間すると、その固まった凝集物がスコンと沈殿し、上には澄んだし尿だけが残ります。

ちなみにその状態のし尿は、やはりまったく臭くありません。

この沈殿物だけで立派な液肥になりますが、ここまで浄化しなくても生のし尿に麹を投入すれば数日で無臭になります。それをそのまま液肥として、畑にまくことができるのです。

〝麹し尿液肥〟の環境への貢献度の高さ

この麹し尿液肥を畑にまくと、土壌細菌が一斉に活性化して、フカフカの土に変わっていきます。このことは、私の畑やお隣のお茶農家の畑でも使って確認しているのですが、実は２０２１年から、鹿児島県の農業試験場でも試験を始めています。

一例として、まずさつま芋をこの液肥で育てました。

鹿児島県のさつま芋の収穫高の平均量は、通常一反あたりで３・５ｔくらいです。ところがこの麹し尿液肥を使った畑では、他の肥料はまったく使わない状態で、一反あたり５ｔのさつま芋が収穫できました。

これは、土がとてもよい状態だということの証です。

豚のおしっこにただ麹を入れただけで、そんな良質な肥料が作れるのですから、使わない手はありません。

実際、鹿児島県ではこの効果に驚き、すでに麹し尿液肥を〝特殊肥料〟として認めています。

現在、大手ハム会社の農場でも使用する予定で、その仕組みを作る工事をしているところです。

また、地元の鹿児島県やお隣の宮崎県の養豚業者さんたちが、し尿処理で非常に困っておられるので、この技術を提供したいと考えています。

特に2022年はウクライナ問題が起こった影響で、輸入肥料の不足が生じています。ですから、豚の尿を利用して良質な肥料として使えるのであれば、養豚業の方、農家の方、両方にとってよいことばかり。いわゆるウィンウィンの関係であり、環境面でもよい循環が作れます。

近所に養豚場ができるとなった場合、近隣住民も他の農家も皆嫌がります。その一番の理由は臭いから。そして、し尿や糞の処理をどうするんだ、と懸念されます。その懸念をすべて、麹が解消してくれるのです。

豚が麹の入ったエサを食べ、麹の入った糞を堆肥に変えて利用する。

尿に麹を入れて液肥に変える。

よく聞く〝サスティナブル〟な世界を作るために麹は貢献できるし、本当に「発酵×麹」の組み合わせは地球を救う方法なのです。

麹の発酵熱で廃液処理にかかる費用を削減

養豚業に関係する以外でも、私が「発酵×麹」の力を使って発明し実用化したものや、現在研究中のものが色々とあるので、いくつか簡単に紹介します。

ひとつは、〝焼酎廃液〟を麹の発酵熱によって乾燥させる、という技術です。

我が家は鹿児島県の種麹屋です。鹿児島といえば焼酎ですね。焼酎を造る最初の段階では種麹が必要なので、日本中の焼酎を造る酒蔵の８割に種麹を販売しています。

焼酎の製造過程では、最後にお酒となる液体と、それ以外のアルコール分が抜けた、言ってみれば残り物の液体（焼酎廃液）が出ます。

この残り物の液体である廃液を、昔は海に廃棄（海洋投棄）していたのですが、途中で法規制ができ、海洋投棄が禁止されました。そこで皆、地上での廃液の処理に困ったのです。

この廃液の９割は水分ですが、麦やさつま芋を発酵した後の発酵残渣なので栄養価が高い＝色々な有機物が含まれていて、そのぶん腐りやすいのが難点です。その辺の空き地にただ放っておくと腐ってしまい、悪臭などの問題が発生します。

そこで私は、種麹を造る時の発酵熱を利用して、廃液を乾燥させればよいのではないか？　と思いつきました。

種麹を作るプロセスの最終段階で発酵させるのですが、その時の発酵熱の力がとても高いことをよく知っていたからです。

そこで研究を始め、数年かけてその技術とシステムを完成させました。

この技術を三菱化工機アドバンス株式会社と業務提携し、「麹菌の発酵熱による乾燥飼料化システム・ＧＥＮシステム」として現在も毎日稼働しています。

廃液を火力で加熱乾燥する場合、１ｔでおよそ1万円のコストがかかります。このシステムを使えば、最初の設備投資は必要になりますが、１ｔで電気代１５００円程度ですみます。

何しろ材料の基本となるものは麹ですから、ランニングコストも非常に安上がりなのです。そしてやはり、麹が残っている残渣物をきれいに分解するので

麹の発酵熱を使った乾燥飼料作りの例

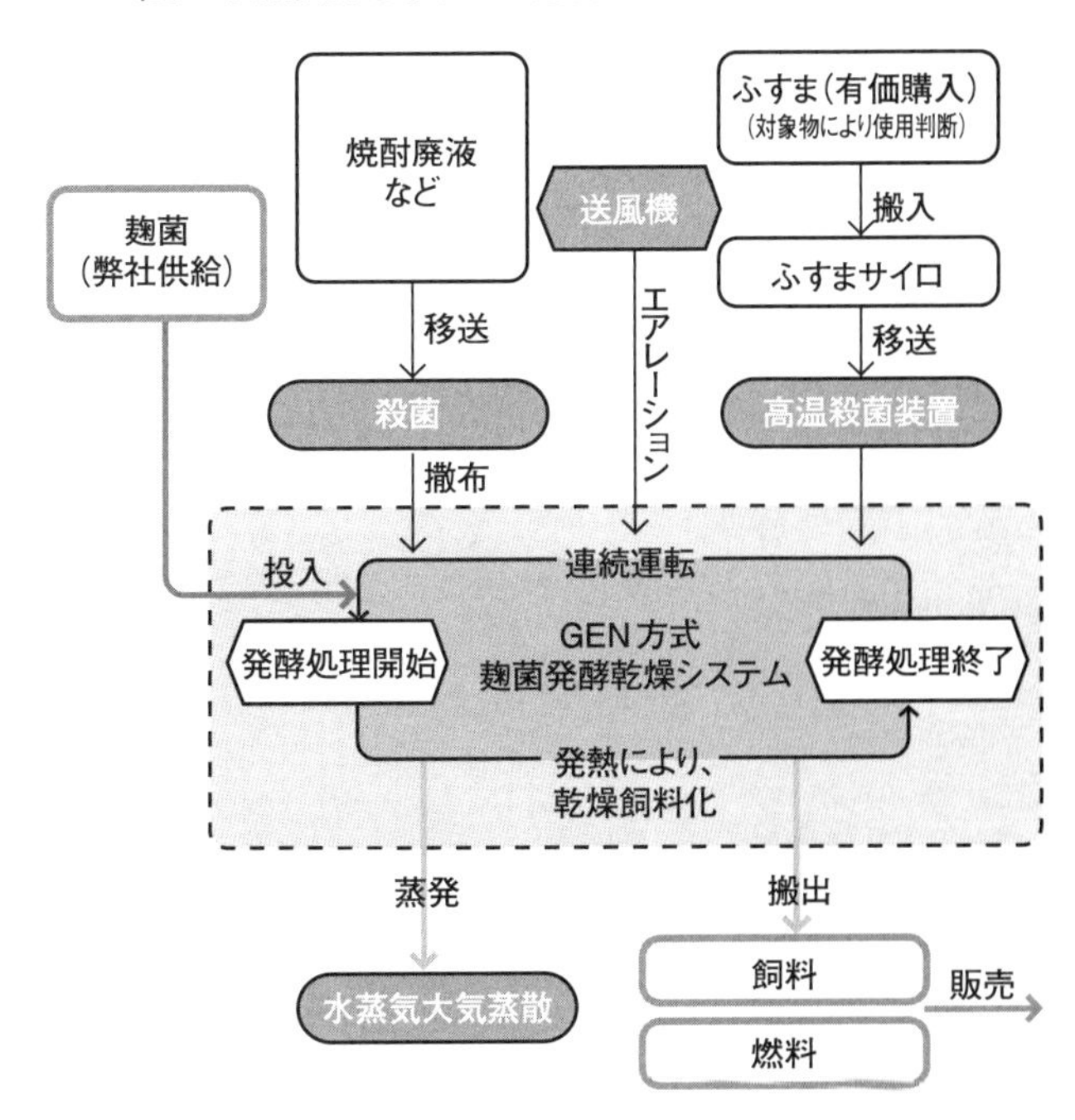

腐敗がほとんど起きず、悪臭も出ません。

何より、化石燃料を使うことなく焼酎廃液を乾燥することができるのです。

このシステムは焼酎の廃液だけでなく、お茶の残渣、おからなどの食品工場から出る残渣、ジュースの絞りカスなど、さまざまな食品残渣に対応できます。

このシステムは環境にとても優しい処理方法だと、自信を持っています。

牛の胃から発生するメタンガスを麹で減らす

CO_2を削減し、気候変動や温暖化に歯止めをかけることも世界規模での目標です。SDGsの目標の中にも、「気候変動に具体的な対策を」という項目が入っています。

世界中でさまざまな方法が考案されていると思いますが、その一助になれるのではないかと考えているのが、牛の胃から発生するメタンガスを減らす飼料の研究です。

これはまだ本当に研究中の段階で、あまり細かいところまでご紹介できないのですが、基本的に牛に麹入りの飼料を食べさせることで、牛から発生するメタンガスを減らそうという試みです。

牛には胃が4つあり、それぞれが異なる役割を持っています。1番目の胃は、食べたものを発酵させるための場所。ですから、発酵させるための微生物がたくさんいるのですが、食べたエサの量、エサの質、牛の体調などによってうまく発酵が進まないと、その微生物たちが必要以上にメタンガスを作り出してしまいます。発酵がここでは悪い方に働いてしまうのですね。

そのメタンガスを牛がげっぷとして空気中に吐き出すので、それが問題となるのです。

乳牛1頭が1日に吐き出すメタンガスの量は、500ℓ前後にもなるといわれます。

メタンガスは二酸化炭素をはるかに超える（25倍）温室効果ガスなので、この量を減らせると温暖化の減速には役立つはずです。

そこで牛に麹を食べさせてはどうかと考えたのですが、「麹なんか食べさせたら、逆にメタンガスは増えるよ」とおっしゃる方もいます。

普通の考え方、使い方では確かにその通りです。なぜなら、メタンガスは有機酸から作られるからです。

有機酸というのは、麹が発酵によって作り出す、クエン酸、乳酸、酢酸などの酸のことなので、麹を食べればメタンガスの元を作ることになるからです。

ですが私が考え、利用しようと思っているのは、麹のホルモン的な作用です。

前述したように、麹というのはとても不思議な生き物で、麹が入るといわゆる善玉菌と呼ばれる菌がたくさん集まってきます。

麹がその場にいることで、周囲の菌叢が変わっていくのです。これは研究で何度も目にしている事実です。

また、麹自体も酵素をたくさん出しているので、周囲のものをきちんと分解していきます。

実際に牛に食べさせてみて、良好な結果も出ています。

お腹を壊した牛の胃の中でメタン発酵が始まり、胃がパンパンになるというのは比較的よくあることです。下手をすると死んでしまう場合もあります。そうした牛に特殊な麹を食べさせると、1～2日で胃が小さくなり、元の状態に戻るのです。

その詳しいメカニズムは不明です。ですから、まだまだこれからの研究になりますが、可能性は大きいと考えています。

廃液処理残渣を麹の力で家畜飼料へと変換

先に焼酎製造の過程で出る廃液の処理を、麹の発酵熱を利用して処理するシステムをご紹介しました。が、そこですべて終わったのではなく、実はまだ続きがあります。

廃液を発酵熱で乾燥させ、水分はすべて蒸発できても、最終的にどうしても麹のかたまりが残ります。

麹を入れているのですから当然ですし、仕方のないことなのですが、またその固形物の処理を考えなければいけません。人間が作ったものを何もなくなるまで処理するには、膨大な手間とエネルギーとコストがかかることがよくわかります。

そこで私は再度、その廃液処理後に出る固形物にも、黒麹を生やしてみることにしました。

黒麹を生やして発酵させ、それを飼料として牛に与えてみたのです。

すると、乳牛の受胎率が20%上がり、牛乳の生産効率が上がりました。

また、食べたものの発酵がきちんとできるので、胃の中で腐敗しないため、病気にかかりにくいという特徴も出ました。

きちんと発酵しきって、麹が入った状態で糞や尿が出てくるので、養豚業の時と同様に牛舎が臭くなりません。

ですから酪農家の皆さんにはとても喜ばれ、鹿児島県内の多くの酪農家で使っていただいています。この廃液処理の残渣物を利用した牛用の飼料添加物は、「源一号菌」として現在も販売しています。また飼料会社とも連携し普及を推進しています。

現在、チェコ共和国のプラハに現地法人を置き、ヨーロッパでの販売計画も進めています。

この「源一号菌」が成功したので、「発酵×麹」の力は、環境問題の解決のひとつの方法になると、より確信するようになりました。

食品残渣を飼料に変えて、フードロス解決の一助に

私は農林水産省の委員の一員として、食品残渣を低コストでリサイクルする方法を検討したことがあります。

スーパーマーケットや各種飲食店の外食産業、一般家庭から出る食品残渣、いわゆるフードロスの問題は深刻です。フードロスとは、まだ食べられるのに捨てられる食品のことです。

農林水産省のデータによると、令和２年度のフードロス量の推計値は、およそ522万ｔ。膨大な量ですね。でもこれでも、推計開始以来最少の数値なのだそうです。これは、フードロスのことを多くの方が知り、企業も個人も極力

フードロスが出ないよう考え始めた結果といえます。この努力は継続していかなければいけません。

ＳＤＧｓの目標の中にも、「小売・消費レベルにおける世界全体の一人当たりの食品廃棄物を半減させること」があります。

しかし、最近でこそ大手スーパーなどの企業もこの問題を真剣にとらえ、それぞれの形でフードロス削減に取り組むようになっていますが、２０００年代前半の段階では今ほどの取り組みはまだみられていませんでした。

食品残渣を何らかの形で肥料や飼料にしてリサイクルする、ということには少しずつ取り組んでいらっしゃいましたが、どうしても莫大なコストがネックとなります。

ここで「発酵×麹」の出番となります。

私どもの会社は鹿児島空港のすぐ近くにあるのですが、ある時、空港から出る大量の食品残渣に黒麹を生やせば家畜用の飼料になるのではないか？　と思いつきました。

食品残渣に水と黒麹の種を加えて発酵させる、というシンプルな方法を試し、飼料としてそれを豚に食べさせてみた結果、先にお話ししたように悪臭が抑えられる、病気にかかりにくくなる、といった素晴らしい結果が得られたのです。さらに豚の肉質まで向上するのですが、肉質については後ほどご説明しましょう。

ともあれこの方法を使えば、空港側も食べ物を無駄にせずにすむし、養豚業者さんは臭いの問題と飼料の調達の問題を解決できる。

これこそ皆が幸せになる、素晴らしいリサイクルループだと思います。

空港でなくスーパーマーケットでもコンビニエンスストアでも、このリサイクルループを作っていければ、あちこちでフードロスの問題を減らせると思います。

この技術と飼料を「河内式黒麹リキッドフィード」と名付け、特許を取りました。

現在も大手コンビニエンスストアの関連会社で導入されており、近年ではこの技術を利用した食品残渣発酵飼料の販売会社までできています。

「発酵」という微生物たちの素晴らしい活動に、同じく微生物である「麹」が入るだけで、こんなにもさまざまな問題解決の道が開けていくのです。

日本生まれの「麹」の偉大さ、そして「発酵×麹」のパワーのすごさを、もっと多くの皆さんに知っていただき、さまざまな環境問題の減少や解決のために、実際に利用していってほしいと考えています。

SDGsと家畜の問題を麹が手助け

SDGsの目標の中に、「飢餓をゼロに」というものがあります。

その中には、大量の穀物を畜産動物のエサとして使用していること、農地の約8割が畜産動物の飼育のために使われていることへの懸念と対策を考えていこう、ということが謳われていますが、その中のさらに細かいゴールとして「小規模生産者の生産性と収入を倍増させる」というものがあります。

これは、大規模な工場畜産が台頭してきたことによって、多くの小規模農家が倒産している現状を踏まえた目標です。

またSDGsでは、畜産動物のアニマルウェルフェア(詳しくは181ページを参照)につながり、関係の深い目標も多数あります。

そのような目標にも、麹はさまざまな形で手助けができると考えています。

具体的には、次のような手助けです。

1 麹入り飼料で家畜がより少ない飼料で大きくなる

2 麹入り飼料で肉質も向上

3 平飼いになった場合でも鶏の産卵率をキープ

これらは私が長年かけて、自分で豚や鶏を飼って試したり、たくさんの畜産農家さんの協力も得ながら研究し、すでに結果がきちんと出ている内容ばかりです。

順に詳しくご紹介していきましょう。

麹入り飼料で家畜がより少ない飼料で大きくなる

先に、廃液処理残渣に麹を生やして家畜の飼料を作ったという話をしましたが、その後さらに研究を進め、新たに「新河内菌黒麹」と名付けた飼料を開発しました（以下「麹飼料」）。

この麹飼料を通常の飼料に少量混ぜて家畜に食べさせると、牛・豚・鶏すべての飼料効率が改善します。より少ない飼料で家畜が大きくなるのです。

通常、体の中では栄養を吸収して肉を生成する一方で、分解して排泄する作業も行われています。これまでの家畜の成長促進剤というものでは、いかにして栄養吸収をよくするかというところにのみ焦点が置かれていました。

しかし、少量の麹を食べさせると結果としてストレスホルモンの分泌が少なくなります。

ストレスホルモンの分泌が少なくなると、筋肉の分解が抑制されます。

分解が減るということは、より少ない飼料で肉が増えるということ。つまり、これまでの栄養学の常識を超えた成長が可能になるのです。

イコール、その分その畜産農家さんの収入が増えるということです。成長を効率的にするために特別で高額な飼料を与えたり、新たに施設を構えるわけではありません。

麹飼料は通常より１割ほど少ない量でも個体を大きくすることができます。ということは、エサ代もそれまでより安く抑えられるのです。おまけにストレスも減り、より健康的に成長するのです。

家畜が健康的に育ちながら必要とする飼料の量も減る。なんと素晴らしいことではありませんか。

ちなみに肉用牛でいわゆるＡランクと判定されるような牛は、１頭で８００kg前後まで育った牛ですが、麹飼料を食べて育った牛は、内臓も健康になるのでなんと９００kg超えまで大きくなります。

豚の場合では、一般的な出荷時期は生後６か月頃、体重が１１０kgになった時です。その間に要する飼料は３３０kgほど。

しかし、そこに麹飼料をわずか１・３kg加えれば、大幅に少ない３００kgの飼料で110kgに育つのです。

鶏に関しても同様ですが、鶏ではさらなる利点もあるので後ほどご紹介しましょう。

麹入り飼料で肉質まで格段に向上

いくら家畜が速く大きく成長したとしても、味がよくなければ市場で評価してもらえませんし、取引もしてもらえなくなってしまいます。

ですから、麹飼料を食べた家畜の味を定期的にチェックしていますが、これがまたきちんとおいしくなっているのです。

まず鹿児島県内の肉用牛の畜産農家さんの間では、麹飼料のよさ、メリットがだいぶ知られてきています。

九州には、「九州管内系統和牛枝肉共励会」という、和牛の肥育技術の向上および肉質改善を図ることを目的とする会があり、毎年開催され、団体賞と個人賞を決めて表彰しています。

その第44回で優勝した牛農家は、我が社の麹飼料を使っています。その農家だけでなくこの大会では、金賞、銀賞、銅賞などを受賞した中で麹飼料を使っている農家はたくさんあります。

また、全国規模の和牛の品評会で「和牛のオリンピック」とも呼ばれる全国和牛能力共進会で、２０２２年に見事1位に輝いたのも弊社の麹飼料を食べた牛でした。

豚肉の味もしっかり評価されています。

麹飼料を食べて育った豚と、食べていない豚を食べ比べ、食味試験を定期的に行っていますが、食べ比べた大半の方が、麹飼料を食べた豚の方を「おいしい」と選びます。その一番の理由は、「けもの臭さがない」「脂が重たくない（しつこくない）」というものです。

以前、他県で一般的な飼料で育った豚と、麹飼料を食べて育った豚を食べ比べる会を開催しました。しゃぶしゃぶにして食べたのですが、終了した時、麹飼料を食べた豚の鍋は最後まで透き通っていて、他県の豚の方は表面をアクが

麹を与えた豚・与えていない豚の比較

麹を与えた豚

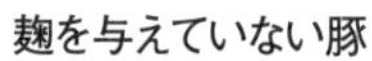

麹を与えていない豚

麹飼料を食べて育った豚と、食べていない豚では、脂の質が大きく異なる。麹を与えていない豚は茹でるとアクが出るが、麹を与えた豚はアクが出ない。

びっしり覆っていたのです。

麹飼料を食べた豚は、固まりがちな脂が少ないので、ヘルシーであるともいえると思います。

麹飼料を食べた牛も豚も、ただ大きくなっているだけでなく、消費者が食べた時にきちんと「おいしい」と感じるものに育っているのです。

平飼い鶏でも産卵率と卵の質・味をキープ

私は麹の研究の一環として鶏も飼育し、長年卵の質や、鶏自体の成長率などの調査をしています。

近年、卵を産ませるための鶏や、食用のブロイラーとしての鶏の飼育方法が問題となっていることをご存じでしょうか。

〝アニマルウェルフェア〟という、家畜も含めた動物全体の生きる環境や健康状態を向上する、という考え方が世界規模で広まりつつあり、農林水産省も「家畜を快適な環境下で飼育することで、疾病やストレスを減らす」ことを認知、実行するようにと、畜産業に指導し、普及に努めているのです。

鶏を狭いケージに閉じ込めて飼う〝ケージ飼い〟は、動物福祉、動物愛護の観点から問題視され、ＥＵ諸国ではすでに禁止され、アメリカやオーストラリアなど他の国でもその流れが主流になりつつあります。

地面に放して飼う〝平飼い〟が推奨され、日本でもそのうち法的な規制ができるのではないかと注目されています。

今までの日本の養鶏では〝ケージ飼い〟が主流でした。さらに、夜の間も電気を点灯し続け、できるだけ短時間で卵を多く産ませ、産卵率95％を維持していました。

ですから〝平飼い〟になった場合、養鶏農家さんが最も心配されるのは、産卵率の減少だと思います。

麹入り飼料なら、その心配をなくすことができるのです。私の飼っている鶏は、〝平飼い〟でのびのび過ごしながら産卵率95％を維持しています。誕生後3年を経過した鶏でも、産卵率80％を維持しています。

また、通常の養鶏では〝強制換羽〟という時期を設けます。

これは鶏に一定期間断食させ、また普通の食事に戻すと産卵率が上がるので、産卵能力の落ちた鶏に行うのですが、動物愛護の観点でもよくない方法だと思います。

そんな期間を設けなくても、我が家の鶏の産卵率は落ちません。

もちろん、卵の質・味にも自信があります。

〝ハウユニット〟という卵の鮮度を判定するひとつの基準があります。卵の質、量、卵白の盛り上がりなどから判定するのですが、卵にふっくらとした厚みがあるほど品質がよいとされています。

麹飼料を食べている鶏からは、そのハウユニットの判定が高い卵が産まれるのです。

過去には、麹を食べた鶏の卵が品質コンテストで日本一になったこともありますし、現在も鹿児島県の大手卵会社で麹卵の生産が続けられています。

この卵を使った卵かけご飯やカスタードクリームなどは、最高においしいのです。

もうひとつ麹飼料を食べる大きなメリットがあります。

それは、鶏の病気が少なくなることです。

麹飼料を食べていると、鶏の腸の中で乳酸菌が大量に増えます。すると腸内のpHが下がり、酸性寄りになっていきます。

pH6を切ると、サルモネラ菌やO157などの細菌は生きていけないことは前述の通りですが、豚の時と同様に、鶏が出す糞にも麹が入っているので、病気にかかりにくくなるのです。

ですから、鶏に麹飼料を食べさせていけば、〝サルモネラフリー〟の卵ができると思います。〝サルモネラフリー〟と言えれば、消費者の方も安心して購入できます。

これを謳えるよう試験をしたいと、現在大学に協力をあおぎながら検討しています。

このように、牛・豚・鶏、いずれの場合でも、麹を使った飼料を食べさせるだけで、畜産業が持つさまざまな問題、生産者側の負担、動物側の負担の両方を軽減することができるのです。

しかも、品質を落とすことなく、です。

「食料危機」などという言葉を聞いても、まだ皆さん本当にそんなことが起きるとは思っていないかもしれませんが、気候変動やミツバチの減少、海洋汚染などなどの進行によって、今世界の食料の環境は本当に危機に向かって進んでいます。

先進国の中でも最下位と言われる日本の食料自給率を少しでも上げる方法を、今のうちに考えていかなければなりません。

家畜に麹を使った飼料を与える、畑に麹を使った肥料をまくなどの方法は、簡単に取り入れられて安全性も高い最高の方法なのです。

しかも必要なものは、日本に昔からある麹なのですから。

これが、「ＳＤＧｓ解決のカギは麹にある」「麹こそが世界を救う！」と私が考える根拠です。

巻末対談

麹には無限の可能性がある

発酵学のオーソリティ・小泉武夫さんと、麹研究の第一人者である著者に、発酵と麹のどんなところがすごいのか、どんな点に注目されているのか、これからの展望などについて対談していただきました。

菌体そのものを食べられるのが発酵食品最大のメリット

小泉武夫（以下　小泉）　発酵食品全体が、健康面への効果、保健機能食品的な働きを持っているということは、だいぶ一般の方に認知されてきましたし、具体的なデータもあちこちの大学の研究などで出てきていますね。

山元正博（以下　山元）　そうですね。私ももう20年近く、鹿児島大学の林教授と、健康効果についてのさまざまな共同研究をやっています。

小泉　発酵食品が体にとっていいものである、ということは、もうみんなわかっているんですよね。特に、腸内環境を改善する、免疫賦活性（異物の侵入や外的環境の変化などに極端に左右されないよう、免疫力を活発にすること）を高めるという点が非常に注目されていますし、発酵食品を食べる最大のメリットだと思います。

山元　そうですね、我が社で扱っている麹でも、免疫力を高めるという具体的なデータをいくつも持っています。

小泉　それはすごいですね。今、順天堂大学、東京医科歯科大学、アメリカのスタンフォード大学あたりもそういったデータを出していますね。乳酸菌、納豆菌、そしてもちろん麹菌などを使った発酵食品が、免疫賦活効果を持っている。なぜ発酵食品だけがそんなにはっきりと結果が出るのか。それは、私は菌体という状態で生命体が体内に入ってくるということが大きいと思います。

山元　そうですね、他の食べ物とまったく違いますからね。

小泉　菌体という形で微生物が体の中に入ってくる。納豆なら納豆一粒に、納豆菌がだいたい５００万個くらいくっついているといいますし、ヨーグルトなら、１ｇの中に数億個の乳酸菌がいる。味噌も同じですね。そういう体にいい微生物が、菌体の状態で体内に大量に入ってくるから、よい効果がはっきり出るんでしょうね。

山元　微生物が生きたまま入ればもちろん役に立つし、仮に死んだ状態でも役に立っていると言いますからね。

小泉　はい、東京大学の数年前からの報告によると、菌体が体内に入った時に仮に生きていなくても、菌体の成分が腸を通過する時に免疫細胞を作るシステムのスイッチをオンにしていく、ということがわかってきているそうです。ですから、菌体を発酵食品という形で摂る、ということが大事なんですね。特に味噌を使った実験でそういった結果が色々と出ているので、私は、麹菌を使った発酵食品を摂るということが非常に重要だと思っています。そういう意味でも、山元さんのところの黒麹と白麹に非常に興味を持っていますし、期待をしているのですが。

山元　味噌を作る時に使うのは黄麹ですね。黄麹はもちろん、高血圧を抑制したり血糖値をコントロールするなど、色々な面で健康に役立つ効果を持っています。そして手前味噌ですが、我が社の黒麹と白麹は、その他にも驚くような健康に役立つ働きを持っているんです。例えば黒麹の場合の話になりますが、黒麹で作った米麹を人間に摂り続けてもらったら、1週間でNK細胞（がん細胞やウイルス感染細胞などを発見するとそれを攻撃する免疫細胞）が2・5倍に増えたんですよ。

小泉　わずか1週間で！　それはすごいですね。

山元　はい。そして、また別にお茶に麹を生やして作ったものを摂り続けてもらうと、その場合はNK細胞は減るのですが、制御性T細胞（アレルギー性疾患などを引き起こす過剰な免疫反応を抑制する免疫細胞）が増えるんです。

小泉　なるほど、生やす食べ物によって増えるものが変わったりするのですね。面白いですね。

麹によって、なかった栄養素が出現することが驚き

小泉　私は麹菌の持つ、トランスアミネーションという、アミノ酸をどんどん変化させていくという働きがとても面白いと思っていまして、その特性を利用して匂いの研究をしていたのですが、その一環で、チロシン（アミノ酸の一種）

が麹菌によって変化され、チロシンからバニラの香りが出てくる、ということがありました。成分を調べてみると、バニリン酸、フェルラ酸、シナピン酸などが含まれている。元々はなかった成分が、麹菌の働きから生まれるということが非常に面白いし不思議なのですが、山元さんのところでもそういう麹菌による物質の変化、変換ってありますか？

山元　はい、色々ありますね。例えば、黒麹を鶏にごく微量食べさせると、ブトキシブチルアルコールという物質が腸内で生産されるんです。この物質が脳下垂体に作用して、ストレスホルモンの分泌を抑える、という発見をしました。つまり、ストレスを軽減できるんです。

小泉　へー、なるほど。

山元　鶏だけでなく豚のエサに麹を混ぜても同じことが起きるんです。豚はストレスにとても弱くて、普通に狭い小屋で飼育をしていると、ストレスから〝尾かじり〟という他の豚のしっぽをかじってしまう行動が出たりします。それが原因で死ぬこともあるので、一般的な養豚場では生まれた時にしっぽを切ってしまうんです。ところが、麹をエサに混ぜて食べさせている我が社の豚さんは、しっぽをかじったりせず、健康的に大きくなるんですよ。データとしては鶏のものですが、これは人間にも同じように働くと思っています。ところが、不思議なことに麹自体はブトキシブチルアルコールを生産しません。しかし、なぜか微量の麹を食べさせると腸内細菌が活発化して、ブトキシブチルアルコールを生産するんです。つまり、麹にはホルモン的な要素もあって、善玉菌を活性化させる能力もありそうなんです。

小泉　そうですか！　ストレスをやわらげる、緩和するというのは、現代人にとても役に立つ効果ですよね。

山元　はい。麹はストレス社会で生きていく人の役に立てるだろうと思います。それからこれも鶏の話ですが、猛暑時に暑さで鶏がバタバタと死んでいくことがあります。ところが、麹入りのエサを食べていると死にません。麹は夏バテに非常に効く、暑熱ストレスを軽減する作用があると思います。これは黒麹、白麹どちらでもよいですし、黄麹でもこの作用はあると思います。

小泉　そうですね、黄麹を使って作る甘酒も夏バテにとても効きますもんね。実は甘酒のことを「飲む点滴だ」と初めに言ったのは私だったんです。

山元　そうでしたか。

小泉　『ＮＨＫ人間講座』という番組で最初にお話ししました。普通の米の状態だったらそこまでの効果はないのに、そこに麹菌が付くことによってブドウ糖ができ、さまざまなビタミン類ができ、さらにアミノ酸も作られる。麹菌のタンパク質分解酵素が働くことによって、アミノ酸を作るんですよね。

山元　はい、どの麹でもプロテアーゼというタンパク質を分解する酵素を出します。

小泉　となると、甘酒が作るのは、ブドウ糖溶液、総合ビタミン溶液、そして総合アミノ酸溶液です。これらがひとつになったものは、現代医学でいう点滴に入っている成分と同じということですよね。ただ白米を食べるだけでは、糖分と食物繊維以外の栄養素はほとんど摂れないのに、麹菌と一緒になることによってそれだけの栄養素を一気に摂れるものに変化する。

山元　はい、しかも黒麹と白麹の出すプロテアーゼは酸性のプロテアーゼで、酸にとても強いので、強酸性の状態の胃の中でも壊れずに、消化プロセスも助けてくれるので胃に負担がかからないんですよ。

小泉　なるほど！　山元さんのところで甘酒を作っておられるということは知っていましたが、それはより体に負担をかけずに栄養を摂れる甘酒なんですね。いやー、人間にはなかなかそんなことできないのに、目に見えないような小さい生き物が、微生物がそういうことをしてくれるということが、本当にものすごく神秘的だなと思います。

多岐にわたる健康面への影響力の高さ

山元　プロテアーゼについて言うと、今までは黄麹が出すプロテアーゼの量が多いと思われてきましたが、実は白麹は、作り方によって黄麹の50倍のプロテアーゼを出すことも可能です。しかもクエン酸を出さないで。

小泉　クエン酸を出さずに⁉

山元　はい、クエン酸を出さない環境を、生育条件を変えることによって私たちが作るんです。そうやって50倍量のプロテアーゼを作れたのですが、あまりにも強すぎて下手になめると口の中が溶けてしまうので（笑）、どう応用していくか、これから考えていくところなんです。

小泉　それはすごいプロテアーゼですね。しかも応用価値が色々と考えられますよね。非常に面白いですね。他にも健康面での効果はどんなことがありますか？

山元　色々あるのですが、先ほどお話ししたお茶に麹を生やして作ったものから作った抽出液は、日焼けにも効くし、女性に多い手荒れにも効くんです。塗るとすぐに改善してくるんです。そして実は、薄毛に効く。これは私自身の頭で実験済みなんですよ（笑）。（52ページの写真参照）

小泉　それはすごい。薄毛対策として効くものは、多くはありませんものね。

山元　そうなんです、私だけでなく、我が社の社員で薄毛の男性は全員試していまして、みんな改善しているのですが、先日そのうちの一人がコロナにかかって2週間休みまして、その間はその抽出液を塗っていなかったんです。そうしたら休み明けに出社したらまた髪が薄くなっていまして（笑）、本人が慌てて塗り始めましたら、2か月くらいでまた生えてきました。

小泉　それは、育毛剤として商品化はされているんですか？

山元　いいえ、〝育毛剤〟という表現での商品化は、医薬部外品の許可を取ることのハードルがとても高いので、単なる〝ヘアローション〟という形のものにしています。

小泉　あー、それはもったいないね。

山元　でも、塗った場合の結果は顕著に出ています。娘が出産後に髪がたくさん抜けたのですが、その抽出液を塗ってすぐに改善しました。彼女は今、まつ毛でも実験していますよ（笑）。

小泉　いやー、私自身もそうなんですが、麹菌の研究は面白すぎて、どんどんジャンルが広がっていくし、もう果てしないところまで行くような感じがしますね。

山元　本当にそうなんです。老化やがんなどについての研究も色々とやっているのですが、以前に林教授と2年間かけて、マウスを使って、麹を食べさせるのと食べさせないマウスで実験をしました。どちらも寿命は変わらなかったのですが、麹を食べていないマウスはどんどん毛が抜けて、最後はしっかり立てずにヨロヨロした足取りだったんです。ところが麹を食べていたマウスはずっと元気で。いつ見ても走り回っていて、ある日コトっと死んだんです。つまり、ピンピンコロリなんですね。

小泉　ほお、それはつまり、老化制御のような力がずいぶんあるということじゃないですかね?

山元　そうだと思います。ただその時はきちんとしたデータを取っていなかったもので、もう一度やりたいとは思っているのですが。あくまでマウスでの実験ではありますが、人間の体にも同じように働くと思います。

小泉　山元さんのところの黒麹と白麹の場合は、相当、抗酸化力が高いということですかね。

山元　だと思います。実はそのお茶に麹を生やして作ったサプリメントは我が社のヒット商品になっているのですが、がんの闘病中の方に多く飲まれているんです。もちろん、がんを治すわけではありませんが、抗がん剤治療をしている最中の副作用をやわらげてくれる、という声が非常に多いんです。

小泉　ああ、そうですか。私たちも7～8年ほど前に、世界中からいろんな糸状菌（菌糸と呼ばれる細長い糸状の細胞から構成されている菌の総称）を集めまして、その培養液の中に抗がん性があるかということを研究したんです。

山元　なるほど。どうでした？

小泉　糸状菌を培養していって、ある特定の成分を分画し（取り分けて）、がん細胞を作ってあるマウスにそれを投与すると、きれいにがん細胞が消えていくというデータは出ています。

山元　ああ、やはり糸状菌は何かそういう働きを持っているんですね。

小泉　あくまでマウスでの実験ではありますけども。でも以前から、キノコのアガリクスとかのβグルカンががんに効くという話がありましたし、その糸状菌から作ったものの方が、さらにはるかに抗がん性が高かったです。そういったデータを取っています。本当に微生物、特に麹菌も含めた糸状菌は面白いですね。

もっと実用的な麹の研究、展開に期待を

小泉　ところで、今日これをぜひ伺いたかったのですが、山元さんのところで生ハム作っていませんか？

山元　はい、やってますよ。

小泉　あれはうまいね～！　他の生ハムとの一番の違いは、塩分が少ないのにものすごく旨みが感じられる。口当たりがよくて。作り方に相当の秘密があるんじゃないかと思ってるんですが。

山元　あれは、生の肉に麹を生やしてるんですよ。

小泉　そうなんですね！　あのおいしさが味わえるのなら、僕はどこまでも買いに行きますよ。

山元　そうですか、ありがとうございます。

小泉　山元さんは本当に面白いお仕事をたくさんされていると思います。私がずっと思っているのが、麹菌の研究っていうものがあまりにもアカデミックな分野のみになり過ぎているんじゃないかということです。遺伝子のことばかりとか。そういう研究も大切ではありますが、もっと実学的な分野の研究もしていただきたいなと。それが現在は非常に少ないのが残念なんです。

山元　たしかにそうですね。

小泉　例えば、麹の作り方ひとつで味噌の味も変わるんだ、というような、実際に皆さんが口にするものだったり、生活に関係のあることの研究もしていただきたいなと思っています。そういう意味で、山元さんは食べ物、飲み物を色々と作っていらっしゃるし、特に先ほどの家畜のエサについてのお話も非常に面白いですね。

山元　ありがとうございます、エサに関してはですね、現在すでにビジネスとして成立していますす。我が社のお客さんで麹入りのエサを食べている牛が、先日も日本一になりました。しかも、その牛はとても健康な状態で食肉処理場まで行きますが、霜降りがきれいに入った状態なんです。

小泉　なるほど。

山元　A5等級の牛のほとんどは、最後に肉にする時には肝臓はボロボロの状態なので、肝臓は廃棄するのですが、麹入りのエサを食べているとそれがないんです。

小泉　健康な牛に育つんですね、それは素晴らしいことですね。最近は鹿児島県の黒毛和牛は日本一ですもんね。

山元　そうですね。九州管内系統和牛枝肉共励会では、麹入りのエサを食べている牛は何度も1位になったり入賞したりしているんです。

小泉　もうすでに、実際に使われている農家さんがたくさんいらっしゃるというのがよいですね。ほかに今、興味を持って進めていらっしゃることはなんですか？

山元　今はですね……たくさん興味があるのですが、そのうちのひとつは、酵素がそのまま生きた状態のお酒を造っているんです。白麹を使ってライスワインを造ろうと思い立ったのですが、発酵させると最後に苦みが出ます。その苦みが出ないようにかなり試行錯誤して、ようやく完成しました。

小泉　酵素が生きたまま残っているお酒というのは珍しい。ということは、お酒を飲みながら、同時に胃腸薬を飲んでいるようなものですもんね。

山元　そうそう、そうなんです。妻はアルコールに弱いんですが、試しにこのお酒を飲んでもらったら「これは酔わないよ、大丈夫」と言ってましたので。でも、それじゃ商売にならないですね（笑）。

小泉　いやいや、アルコール分解能力が弱い人にはとてもいいと思いますよ。本当に面白い。山元さんは発想がすごいね。

山元　もう、それしかないですから（笑）。

小泉　発想もジャンルが多岐にわたっていますよね。〝バラ色の麹菌人生〟ですよね。楽しいですね。

菌体を食べてみたら、キノコのようでおいしかった

小泉　麹菌の研究が面白くて果てしないところまで行く、という意味で、私も色々変な研究をしているのですが、将来的には麹菌を使って人造肉を作れるんじゃないかな、なんて思っているんです。

山元　ほほぅ、それは興味深いです。

小泉　麹菌の中に、色々な核酸物質を作るものがいるので、アミノ酸を結合させてくっつけたら面白いものができると思っていて。実は麹菌の菌体そのものをステーキにして食べたことがあるんです（笑）。

山元　食べられましたか？

小泉　はい、おいしいですよ。

山元　私もぜひやってみよう！

小泉　三角フラスコの大きいものに麹菌を入れておいて、麹の菌蓋というもの（麹菌の塊）が生えますね、菌体が。それをどんどん分厚くするんです。

山元　なるほど、なるほど。

小泉　最後にそれを引っ掛けて取り出して、胞子を取って、ステーキにして食べたんです。おいしいですよ。味はキノコに似ていましたね。

山元　あー、そうですね、似ているでしょうね。

小泉　そうなんです。ですからこれからそういう形で、新たな食べ物を作っていくというのも非常に面白いなと思っています。

山元　黄麹の中にも菌体を厚くするタイプがありますもんね。ところが、黒麹と白麹は菌体が薄いんですよ。

小泉　あ、そうなんですか。

山元　はい、それで苦労しています。私もそういうことを考えて、厚い菌体を作れないかとずっと試していて、まだ失敗が続いているんです。黄麹でしたら作れるかもしれないですが、やはりうちは黒麹と白麹なので。そこにこだわって研究していきたいと思っているので、どうすれば厚くなるか、試作を続けていきたいです。

汚水処理から土壌改善、麹に期待される環境への貢献

山元　ちなみに小泉先生、もうひとつ面白い麹の利用法があるんですよ。麹菌は、汚水処理に使えるんです。

小泉　ああ、浄化に。

山元　はい。汚水処理にとってカビというものは禁忌ですよね。バルキング（沈殿槽での固液分離が正常に行われない現象）の原因になりますから。ですから、本来は使ってはダメなはずのカビの一種である麹菌が、汚水処理に劇的に活躍してくれるんです。

小泉　ははぁ、興味深いですね。

山元　牛や豚のし尿に黒麹菌を入れて3日も置いておけば、麹が有機物を分解吸収した後の微生物菌体を吸着して、集めて固めて、液体の部分と分離し沈殿させてくれるんです。凝集剤を入れないで勝手に固めてくれるんですね。

小泉　なるほど。どうやって固めているんですかね？

山元　麹の出すキトサンの、吸着、凝集作用によって固まって沈殿すると考え

ています。

小泉　キトサン、なるほど。

山元　そしてその上澄み部分の液体は、鹿児島県の基準で放流可能な状態になります。匂いもまったくしないんです、無臭ですよ。そこで、その混合液を液肥として利用できるだろうと思って、県の農業試験場で栽培試験をしてもらったんです。そうしたら、植えたさつま芋が、他の肥料はなしで反収（一反あたりの収穫高）が5ｔという結果が出ました。平均の反収は3・5ｔです。県の農業試験場では今もその試験を継続していて2年目に入ります。

小泉　それはすごいですね、具体的に役に立つものですもんね。あの山元さん最近、鹿児島県では芋の病気が大変で、焼酎業界が非常に困っていると聞いているのですが、それに対してもその液肥は何か有効なんでしょうか？

山元　はい。実はすでにうちの畑などで試しています。で、うちの畑は基腐病はゼロです。ですが、隣の畑は出ているんです。

小泉　そうですか、それならぜひ大勢の農家さんに使ってほしいですよね。

山元　そうなんです。だから私は、麹は本当にいろんな世界に使えるなと実感しているんですよ。

小泉　そうですね。ですから私はよく、「麹菌はマジシャンだ、やっていることがマジックだ」と言っているんです。

山元　本当にそうですよね。

小泉　私も少し前に面白い実験をしたんです。お線香をくだいて、そこに赤糠の糠味噌を少し加えて団子状にして、そこに麹菌を植えたんですよ。なぜそんなことをしたかというと、麹で匂いを変えられるんじゃないかと思って。私の論文は匂いに関してだったんです。

山元　なるほど、また面白いことを。

小泉　麹菌の変換する力があまりにすごいので、お線香のようなもともと香りの強いものでも変換できるのかどうか試してみようと思い、〝発酵お線香〟を作ってみたんです（笑）。

山元　どうでした？　変わりましたか？

小泉　できたものに火をつけてみたら、まったく違う香りになりました。

山元　ははは、面白いですね。

小泉　だから、いろんなことが麹菌でできますよね。

山元　いや先生、本当にそうですよ。

小泉　特にこれからはね、黒麹と白麹の研究がもっと必要だと思います。黄麹については、ある程度の応用範囲はすでにわかっていますし、大勢の人が研究していますが、黒麹と白麹はまだまだ少ないですもんね。

山元　そうなんです。あちこちの大学で声をかけてみてお願いしているんですが、私自身の後輩たちもすでに定年近い年齢なもので……。

小泉　そうなんですか、それは残念ですよね。皆さん黄麹の研究しかやっていないし、黒麹と白麹にはまだまだ可能性があるのだから、絶対面白いと思います。山元さん、毎日楽しいと思います。

山元　そうですね。楽しんでやっております。ただ経営も並行してやっているので、そろばん勘定を合わせながら、が辛い面もありますが（笑）。

小泉　ははは。今は経済産業省が、世界に日本が出ていける最大の技術はバイオだ、ということで、そういうジャンルで将来性のあるものに対して、国が資金提供するという話もあるようなので、ぜひこの日本の宝である麹の研究に協力してもらいたいですよね。

山元　はい、ぜひ注目してもらって、さらに一緒に研究してくれる方がいらっしゃるとうれしいですね。

小泉　麹菌を使って世の中に色々と貢献されている、本当に素晴らしいなと思っています。実は2022年の3月に、日本の麹、黄麹・黒麹・白麹を使った酒造りを、ユネスコ無形文化遺産に申請しました。審査はこれからですが、日本にしかいないこの麹菌という素晴らしい菌について、世界にももっとアピールし、日本人にもこんな素晴らしい菌がいて、それを使った豊かな発酵食の文化があるということ、もっと知ってもらいたいですよね。

山元　はい。医師である息子が手伝ってくれるようになりましたが、仲間ができると心強いです。私は若い頃、小泉先生の麹の話の本を読んで勉強してきましたが、非常にわかりやすいので今でも時々読み返していますよ。

小泉　恐れ入ります、ありがとうございます。この本を読まれた方で黒麹と白麹にご興味を持たれた方は、ぜひ山元さんと一緒に研究をして、麹の可能性をさらに広げていってください。

山元　はい、募集中です（笑）。

小泉武夫（こいずみ・たけお）

東京農業大学名誉教授。農学博士。1943年福島県の酒造家に生まれる。専門は発酵学、醸造学、食文化論。2022年現在、鹿児島大学、福島大学、別府大学、石川県立大学、島根県立大学、宮城大学の客員教授を務めるかたわら、「発酵の学校」校長、特定非営利活動法人発酵文化推進機構理事長など、農政アドバイザーとして食に関わるさまざまな活動を展開し、発酵食品や和食の魅力を広く伝えている。

対談を終えて

〝日本だけ〟の麹菌と発酵食の豊かな文化

・小泉武夫

山元さんとの対談を終えて、ぜひ私から付け加えたいことをここではお話しさせていただきます。

私が長年研究してきた発酵食と、日本生まれの麹菌は、世界でも類を見ない特異な菌であり食文化です。

もともと、一言で「麹」という場合、穀物に何かしらの糸状菌が生えたものを指します。米に生やせば米麹、麦に生やせば麦麹。ですから日本だけでなく、東アジア、東南アジア一帯にも「麹」と呼べるものは色々と存在します。

ただし、そういった東アジアや東南アジアの他国の麹に生えるのは、クモノスカビです。中国であればコーリャンや麦にクモノスカビが生える。インドネシアでは大豆にクモノスカビを生やし、テンペとして食べます。

そういったものも「麹」なのです。

ところが、日本で同様の働きをする微生物は、麹菌です。日本では麹菌を米に生やしてお酒を造ったり、そこから派生する調味料などを長い年月をかけて作ってきました。

同じ東アジアなのに、日本以外はクモノスカビを利用していて、日本では麹菌だけを利用している。そこがとても不思議で神秘的ともいえます。

2022年3月30日に、日本の黒麹菌、白麹菌、黄麹菌を使う酒造りを、ユネスコ無形文化遺産に申請しました。審査はこれからになりますが、麹菌という微生物は日本にしかいない、ということはすでに特定されています。

それにしてもなぜ麹菌は日本だけに存在し、発達したのでしょうか。

例えば、黒麹菌、学名アスペルギルス・リュウキュウエンシスヴァルカワチは、沖縄にしかいないのです。山元さんのおじいさまの河内源一郎氏が発見したものですが、遺伝学的に沖縄にしかいないと特定されています。

沖縄にはとても太い桑の木がたくさんあるのですが、その桑の木の皮から菌を分離してみると、黒麹菌が大量にいます。

ですから昔、種麹がまだなかった時には、沖縄では泡盛屋さんが初めに桑の木の皮を持ってきて、それを粉末にし、蒸した米にその粉末をバーッとふりかけて黒麹を生やしていたそうです。

私たちもそのプロセスを同じようにたどり、泡盛を造ってみましたが、その通りに黒麹が生えてきました。

そして九州から本州にかけては黄麹菌がたくさんいます。

黄麹菌は、稲に付きます。

そもそもなぜ「黄」麹という名前が付いているのかといえば、胞子が黄色であることと、黄金色の稲にたくさん付く菌だったからなんです。

日本は米の国ですね。もともと日本という土地にいた黄麹菌が、稲作が広まることによりどんどん増えていったと考えられます。

また、黄麹菌の学名は、アスペルギルス・オリゼーといいます。この「オリゼー」とは、「米に生える」という意味なのです。

つまり、米によく生える黄色い菌、ということですね。

日本は米を作り出した時から、米に付く黄麹菌を利用しながら、独特の麹菌と発酵食の世界を作ってきました。

そして、沖縄発祥の黒麹菌と、その変異の白麹菌を山元さん一家が発見し、研究を深め利用してきたのです。


麹菌が、なぜ日本にしかいないのか。確固とした理由はわからないところもありますが、気候条件と、やはり地理的にも他の国と海で隔たれている点が関係しているのではないでしょうか。

何しろすでに奈良時代には、麹菌を使って神様に差し上げるお酒を造っていましたから。これは、『播磨国風土記』という風土記に「神様に蒸した米をあげました」と書いてあるのです。

そしてさらに、そこには「カビが立った」という記載もあります。そのことを「カビタチ」と書いてあるのです。その後「カビタチ」が「カムタチ」と変化し、「カムチ」になり、さらに「カウジ」となって、「コウジ」という語源変化をしたわけです。

ですから、麹の原点は「カビ立ち」というわけです。

そのくらい昔から、麹は日本でお酒造りに利用され、そこからさらに、味噌、しょうゆ、みりんといった調味料、焼酎、日本酒といった酒類などを作り出していったのです。

日本の歴史と麹の歴史はイコールであり、切っても切り離せないのです。麹菌がなければ、日本の発酵文化はここまで発達しなかったでしょう。

日本の食生活の原点は、一汁一菜です。現代では一汁三菜と言われていますが、本来は一汁一菜でした。

一汁は、ご飯と味噌汁という意味です。そして一菜とはひとつのおかずという意味ですが、昔はそれは漬物、香の物と決まっていました。大昔の和食はこの3つで完成していたのです。

つまり、和食の成立には、味噌と漬物というふたつの発酵食品が必須条件なのです。

現代でも、どんな料亭でもホテルや旅館の朝食にも、ご飯、お味噌汁、漬物は欠かせないものですよね。

ですから我々日本人は、心にも体にもずっと麹菌が根付いてきた民族だといえます。

ぜひ本書を通じて、麹菌のことをもっと知ってください。


本当に麹菌は素晴らしい存在です。今までは主に黄麹をさまざまに利用し、研究してきましたが、これからは山元さんのところの黒麹と白麹の可能性の研究をどんどん深め、さらに利用していくべきだと思います。

そして私も、日本にしかいない麹菌の素晴らしさと、それを使った発酵食文化は世界に誇れる唯一無二のものであるということを、もっと多くの日本人に、そして世界の人々へも伝えていきたいと思っています。

おわりに

初めての著書を出版してからかれこれ10年、発酵食品のすごさと、そのベースとなっている麹の持つ驚きの力をさまざまな形でご紹介してきました。

10年前に比べてみれば、発酵食品というもの全体への注目度と、それに伴って麹菌への注目度も飛躍的に上がったという実感はあります。

ただ、本書で繰り返しご紹介してきた黒麹と白麹のすごさは、まだ多くの人に届いていません。

以前、青年会議所の依頼を受けて麹の力について講演をした際のこと。最後の質疑応答で一番前に座っていた多少年配の方から「ずいぶんと麹についての効能を話されましたが、学問的な裏付けはあるのですか？」と聞かれたことがあります。

さすがに私もこの質問には少し驚きました。なぜなら、私は説明の中で各々の効能を話す時に、その裏付けになる学会発表の説明までしていたからです。

この時に思い知ったのは、一般の方々の頭の中では麹は単なる食品でしかないという固定観念が非常に強いということでした。

私が現在行っている麹の研究はこれまで誰も挑戦していないものです。

さらに、同じ麹といっても黄麹はこれまで多くの専門家が研究をしていますが、黒麹と白麹についてはおそらく私が先端を走っていると思います。

特に、麹がＳＤＧｓに大いに役に立つことについての研究はまだ始まったばかりです。

家畜は抗生物質を混ぜないエサで、病気をせずに成長する方がよいし、鶏は広い場所でのびのびと生きて、断食の期間なども設けずに卵を産めた方がいい。家畜の糞尿の汚臭問題で周囲の人とトラブルが起きてしまうなら、汚臭をなくしてくれるエサを食べさせたり、その糞尿を肥料として利用することで、農家の人の役に立てればいい。

それらがすべて麹によって可能になるのです。

どれも聞いてみれば、そりゃあその方がいいだろう、と誰もがうなずける当たり前の内容ばかりだと思います。

ところが、現在の日本という国では、この当たり前がやってはいけないことになるような制度疲労を起こしています。

私が心配しているのは、そうしている間にこの麹の素晴らしさを理解し、利用するのが外国ばかり、になっていくことです。

実際、タイでも既に麹で豚を育てる農場ができています。そして、麹豚のネーミングでの販売も始まっており好評だと聞いています。

また最近では、アメリカやカナダの大手穀物会社の方からの問い合わせもあり、麹飼料の大量生産法を検討するといった話もあります。

海外から我が社の麹を注目してもらいもちろんうれしいのですが、私はもっともっと日本でも広めていきたいと思っています。

欧米の方々はそのよさを認識すると一気呵成に研究を進めてきます。気がつくと日本古来の麹の機能性についてすべて海外がその特許を握ってしまうということにもなりかねません。

今の所は私一人が孤軍奮闘しているといっても過言ではないのです。人間の健康にはもちろん、農業、畜産にもよい。環境にもよい。そんな稀有な存在は麹菌しかありません。

本書が日本の皆さんに、国菌である麹菌に興味を持っていただくきっかけになれば幸甚です。

山元正博

やまもと・まさひろ

農学博士。株式会社河内源一郎商店代表取締役。鹿児島県で100年以上続く麹屋の3代目として生まれる。東京大学農学部から同大学院修士課程（農学部応用微生物研究所）修了。卒業後、株式会社河内源一郎商店に入社。1990年に観光工場焼酎公園「GEN」を開設。チェコのビールを学び、1995年に誕生させた「霧島高原ビール」は、クラフトビールブームの先駆けとなる。1999年「源麹研究所」を設立。食品としてだけでなく、麹を利用した食品残渣の飼料化や畜産に及ぼす効果などの研究を続け、環境大臣賞を受賞している。主な著書に『麹親子の発酵はすごい!』（ポプラ社、山元文晴氏と共著）などがある。

カバーデザイン　bookwall

図表デザイン　本橋雅文（orangebird）

編集協力　斎藤真知子、出雲安見子

カバーイラスト　Satoshi Kikyo／nadiinko／Katie（カチエ）

ポプラ新書
232
発酵食品は
おいしいクスリ
2022年12月5日 第1刷発行

著者
山元正博
発行者
千葉 均
編集
碇 耕一
発行所
株式会社 ポプラ社
〒102-8519 東京都千代田区麹町 4-2-6
一般書ホームページ www.webasta.jp
ブックデザイン
鈴木成一デザイン室
印刷・製本
図書印刷株式会社

N.D.C.465/222P/18cm ISBN978-4-591-17585-9

P8201232

生きるとは共に未来を語ること　共に希望を語ること

昭和二十二年、ポプラ社は、戦後の荒廃した東京の焼け跡を目のあたりにし、次の世代の日本を創るべき子どもたちが、ポプラ（白楊）の樹のように、まっすぐにすくすくと成長することを願って、児童図書専門出版社として創業いたしました。

創業以来、すでに六十六年の歳月が経ち、何人たりとも予測できない不透明な世界が出現してしまいました。

この未曾有の混迷と閉塞感におおいつくされた日本の現状を鑑みるにつけ、私どもは出版人としていかなる国家像、いかなる日本人像、そしてグローバル化しボーダレス化した世界的状況の裡で、いかなる人類像を創造しなければならないかという、大命題に応えるべく、強靭な志をもち、共に未来を語り共に希望を語りあえる状況を創ることこそ、私どもに課せられた最大の使命だと考えます。

ポプラ社は創業の原点にもどり、人々がすこやかにすくすくと、生きる喜びを感じられる世界を実現させることに希いと祈りをこめて、ここにポプラ新書を創刊するものです。

未来への挑戦！

平成二十五年　九月吉日

株式会社ポプラ社